21世纪高职高专规划教材
计算机应用系列

C语言实验与实训指导教程

陆　洲　韩耀坤　主　编
吕润桃　张庆玲　副主编

U0298792

清华大学出版社
北京

内 容 简 介

本书以 Visual C++ 6.0 为开发环境,通过多个实验和实训,引导读者完成 C 语言程序设计基础知识的实践,并配有 C 语言程序设计基础知识的习题。本书主要内容包括 Visual C++ 6.0 实验环境、Turbo C 实验环境、上机实验指导、综合实训、C 语言各章习题、计算机等级考试二级 C 语言试题、C 语言编程常见错误。本书以软件设计与开发思想为指导,突出基础性、实用性,着重对学生答题能力、编程能力、自学能力进行培养。

本书可作为 C 语言课程的辅助教材,既适合于大专(高职高专)院校的学生使用,也适合于其他 C 语言程序设计的初学者。

图书在版编目(CIP)数据

C 语言实验与实训指导教程/陆洲,韩耀坤主编. --北京:清华大学出版社,2014
21 世纪高职高专规划教材.计算机应用系列
ISBN 978-7-302-34682-1

Ⅰ. ①C… Ⅱ. ①陆… ②韩… Ⅲ. ①C 语言-程序设计-高等学校-教材 Ⅳ. ①TP312

中国版本图书馆 CIP 数据核字(2013)第 290822 号

责任编辑:王剑乔
封面设计:常雪影
责任校对:李　梅
责任印制:刘海龙

出版发行:清华大学出版社
　　　　网　　　址:http://www.tup.com.cn, http://www.wqbook.com
　　　　地　　　址:北京清华大学学研大厦 A 座　　　邮　　编:100084
　　　　社　总　机:010-62770175　　　　　　邮　　购:010-62786544
　　　　投稿与读者服务:010-62776969,c-service@tup.tsinghua.edu.cn
　　　　质　量　反　馈:010-62772015,zhiliang@tup.tsinghua.edu.cn
印　装　者:北京国马印刷厂
经　　销:全国新华书店
开　　本:185mm×260mm　　　印　　张:9.5　　　字　　数:217 千字
版　　次:2014 年 1 月第 1 版　　　印　　次:2014 年 1 月第 1 次印刷
印　　数:1~2700
定　　价:22.00 元

产品编号:044961-01

C 语言程序设计课程是各大院校计算机专业的一门主干基础课，是一门实践性很强的课程。为了更好地学习 C 语言，掌握使用 C 语言进行结构化、模块化程序设计的方法，提高学生的实际动手能力，需要有一本适合学生的实验与实训指导教程。本书正是为了配合 C 语言课程实践教学环节的需要而编写的。

本书共 7 章。第 1 章介绍了 Visual C++ 6.0 的安装、工作窗口及在该实验环境下 C 程序的创建和运行方法，主要要求掌握 Visual C++ 6.0 开发环境的安装和使用；第 2 章介绍了 Turbo C 的安装、工作窗口及在该实验环境下 C 程序的创建和运行方法，主要要求掌握 Turbo C 环境的安装和使用；第 3 章介绍了上机实验的总体要求，并根据 C 语言总体知识安排了 13 个实验，通过这些实验，掌握结构化、模块化的程序设计方法，以提高 C 语言综合应用能力；第 4 章以 3 个综合案例为实训内容，综合利用所学的 C 语言知识，设计和开发应用系统，提高动手解决实际问题的能力；第 5 章是 C 语言课程各知识点的练习题，目的是提高学生的答题能力；第 6 章是近两年全国计算机等级考试二级真题和上机模拟题，目的是提高专业知识，以强化参加 C 语言考试的能力；第 7 章介绍了在两种实验环境中编写 C 程序经常遇到的错误。

全书由陆洲、韩耀坤任主编，吕润桃、张庆玲任副主编，刘际平主审。车鹏飞、王芳、宋利、刘婧婧、孙元、石芳堂参与了本书的编写工作。

限于编者的水平，书中不足和疏漏之处，敬请广大读者不吝赐教。

编　者

2013 年 9 月

目 录

第 **1** 章

Visual C++ 6.0 实验环境

本章知识和技能目标

- 熟悉 Visual C++ 6.0 的安装和使用方法。
- 掌握在 Visual C++ 6.0 运行环境中如何编辑、编译、连接和运行一个 C 程序。
- 通过运行简单的 C 程序,认识 C 语言程序的结构特点,学习程序的基本编写方法。

适合 C 语言的 IDE(集成开发环境)有很多,对于一个初学者,微软公司的 Visual C++6.0 是一个比较好的可视化基础开发环境,它包含许多单独的组件。由于 C++ 编译器是兼容 C 编译器的,因此现在很多 C 语言的学习者在 Visual C++ 6.0 环境中编辑、编译、调试和运行程序,不同的是 C 文件扩展名为.c,而 C++ 文件扩展名为.cpp。

1.1 Visual C++ 6.0 的安装

(1)首先解压安装文件的压缩包,双击 autorun.exe 文件。

(2)根据需要,然后再选择安装的版本,一种是中文版,一种是英文版。初学者选择安装中文版。

(3)图 1-1 所示是安装的第一步,单击"下一步"按钮。

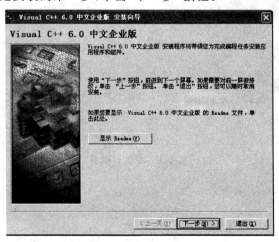

图 1-1 安装界面一

（4）选中"接受协议"单选按钮后单击"下一步"按钮，如图 1-2 所示。

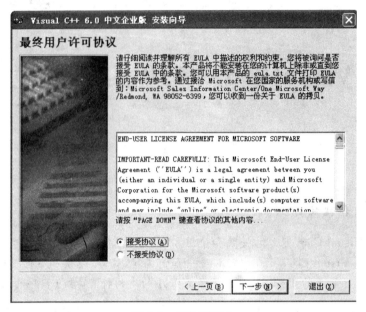

图 1-2   安装界面二

（5）直接单击"下一步"按钮，如图 1-3 所示。

图 1-3   安装界面三

（6）选中"安装 Visual C++ 6.0 中文企业版(I)"单选按钮，这就是要安装的程序，单击"下一步"按钮，如图 1-4 所示。

（7）设置公用安装文件夹路径后，单击"下一步"按钮，如图 1-5 所示。

（8）如图 1-6 所示，单击"继续"按钮，开始安装软件。

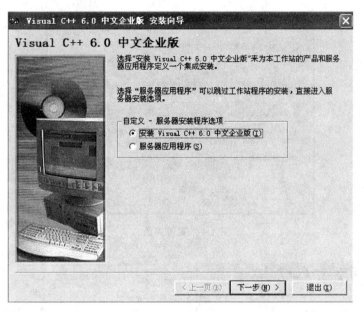

图 1-4 安装界面四

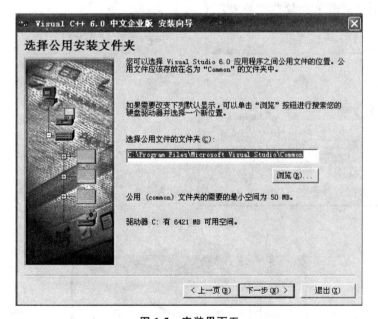

图 1-5 安装界面五

（9）单击"确定"按钮，安装程序搜索已安装的组件，如图 1-7 所示。

（10）是否覆盖以前安装的组件，单击"是"按钮，继续安装，如图 1-8 所示。

（11）选择"Typical"选项继续安装，如图 1-9 所示。

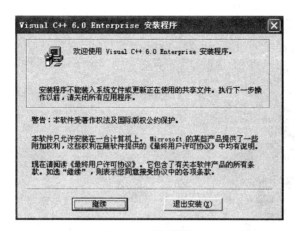

图 1-6　安装界面六

图 1-7　安装界面七

图 1-8　安装界面八

图 1-9　安装界面九

（12）检查安装所需磁盘空间,并进行安装,如图1-10所示。

图1-10 安装界面十

（13）单击"确定"按钮,安装成功,如图1-11所示。

程序安装完毕,在"开始"菜中,选择"所有程序"命令,在"Microsoft Visual C++ 6.0"目录中选择"Microsoft Visual C++ 6.0"选项就可以运行程序了。也可以将这个图标发送到桌面快捷方式,这样直接在桌面上双击就可以运行程序了。

图1-11 安装界面十一

1.2 Visual C++ 6.0 工作窗口

双击安装好的Visual C++ 6.0图标后,可以看到如图1-12所示的界面,此时处于编辑状态。

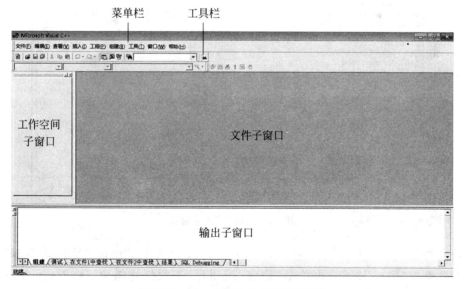

图1-12 Visual C++ 6.0 的工作窗口

其中,菜单栏集成了VC(Visual C++的简称)的各种命令、功能和设置;工具栏则将最常用的命令、功能和设置直接用图标的形式列出,方便用户使用;"Workspace"工作空间子窗口可以把 VC 工程中使用的各种类型文件按树形结构来浏览；文件子窗口则用来具体显示和编辑 VC 工程所用到的文件，比如 C++ 源文件、头文件等；输出子窗口用来显示编译、连接或者搜索等操作的结果。

1.3 程序的创建和运行

1.3.1 创建工程

要使用 VC 来编译一个 C 源文件，可以把这个文件插入一个 VC 工程中（建议采用此种方法），也可以直接建立一个 C 源文件。首先介绍工程的创建步骤。

（1）单击"文件"菜单，选择"新建"命令，弹出"新建"对话框。

（2）切换"新建"对话框的选项卡为"工程"，选择列表框中的"Win32 Console Application"（Win32 控制台应用程序）。

（3）在"位置"文本框内输入工程保存的文件夹位置，也可以单击其右侧的"…"按钮来定位文件夹。

（4）在"工程名称"文本框内输入工程的名称，如 Prj1。其他设置不用更改，如图 1-13 所示。

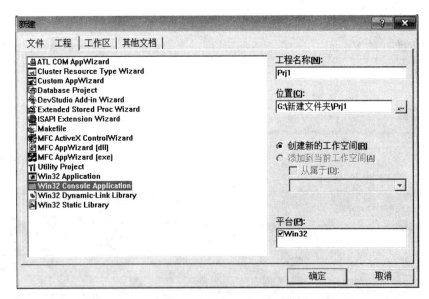

图 1-13 "新建"工程窗口

（5）单击"确定"按钮后，出现"Win32 Console Application"设置向导窗口，选择"一个空工程"，单击"完成"按钮，再单击"确定"按钮后，工程创建结束。这时，一个空白的 Win32 Console Application 工程就创建好了。

1.3.2 建立 C 源文件

（1）单击"文件"菜单，选择"新建"命令，弹出"新建"对话框。

（2）选择"新建"对话框的"文件"选项卡，从中选择"C++ Source File"选项。

（3）在"文件名"文本框内输入带后缀的源文件名，后缀为.c，代表 C 源文件。

（4）保证"添加到工程"前的复选框被选中，且其下的下拉列表框所选的工程为刚刚创建的空工程的名字，如果直接建立 C 源文件就不需要添加到工程中。

（5）单击"确定"按钮后，一个空白的源文件 exam1.c 就被插入工程 Prj1 中了，如图 1-14 所示。此时，文件子窗口会打开新建的源文件，以备编辑。至此，源文件的创建结束。

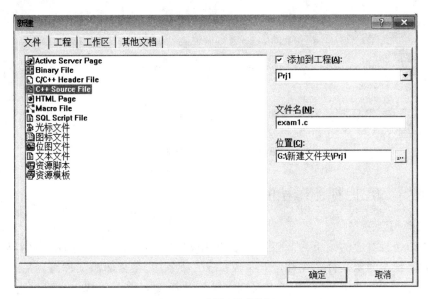

图 1-14　"新建"对话框

1.3.3　编辑、保存工程中的文件

将新建或者已有的源文件插入工程中后，就可以在文件子窗口中对源文件中的程序代码进行编辑了。在编辑区域输入以下代码：

```
# include<stdio.h>                          /*输入输出头文件*/
void main()                                 /*main()称为主函数*/
{
    printf("*********************\n");      /*原样输出双引号内内容并换行*/
    printf("      C Language      \n");      /*原样输出双引号内内容并换行*/
    printf("*********************\n");      /*原样输出双引号内内容并换行*/
}
```

编辑后（图 1-15），可以单击工具栏中的 ◨◧ 两个按钮进行保存。其中，第一个按钮只是保存当前文件子窗口中最前端显示的被编辑文件；第二个按钮则可保存全部源文件。

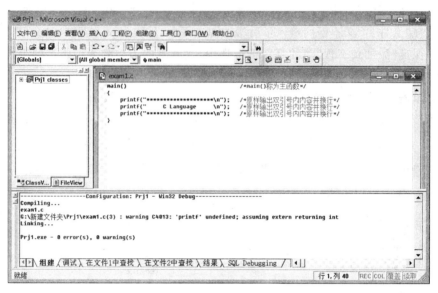

图 1-15   编辑后的源文件

1.3.4   编译、连接和运行程序

1. 编译和连接

编译和连接对应的菜单为"组建"菜单,其中常用的 3 个命令:"编译"命令,只编译当前处于编辑状态的源文件;"组建［工程名］.exe"命令,是在全部源文件编译后,连接并生成可执行文件;"全部重建"命令用在对源文件更改后重新编译连接。也可单击工具栏对应的图标 和 实现。

如果发现任何的编译和连接错误或警告,VC 会在输出子窗口中给出提示。双击该提示,会转到源程序的出错行。可以搜索 VC 的帮助以获取更多有关编译、连接错误的信息,以便排除这些错误和警告。错误及警告更正后,应用"全部重建"命令重新进行编译和连接。

2. 运行程序

如需运行连接好的程序,可选"组建"菜单下的"执行［工程名］.exe"命令或单击工具栏中对应的图标 。运行结果如图 1-16 所示。

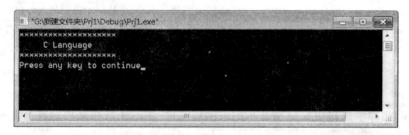

图 1-16   运行结果

第 2 章

Turbo C 实验环境

本章知识和技能目标

- 熟悉 Turbo C 的安装和环境使用方法。
- 掌握在 Turbo C 运行环境中如何创建、编辑、编译、连接和运行一个 C 源程序。
- 通过运行简单的 C 程序，认识 C 语言程序的结构特点，理解数据的输入和输出。

Turbo C(以下简称 TC)是美国 Borland 公司的产品，它对计算机要求较低，它虽然是一个 DOS 系统的编译工具，但能以全屏幕方式或窗口方式运行在各版本的 Windows 环境中。TC 是一个集程序编辑、编译、连接、运行、调试于一体的 C 语言开发软件，简单且功能完整，具有方便、直观、易用的界面，特别适合初学者。

2.1 Turbo C 的安装

可以使用安装文件进行安装，安装过程较容易，此处不再赘述。

也可以使用解压缩安装文件包进行安装。在 C 盘新建一个名为 turboc 的文件夹，把安装文件放在该文件夹下，右键解压到该文件夹下就可以用了。如想放其他目录下，如 E 盘目录下。设置方法：把安装文件放在 E 盘，右键解压到新建的 turboc 文件夹，在 Turbo C 环境下，Options 菜单的 Directories 命令里有路径设置选项，改变一下相关设置即可。具体设置如下：

- Include directories 设置为 E:\turboc\include 目录。
- Library directories 设置为 E:\turboc\LIB 目录。
- Turbo C directory 设置为 E:\turboc 目录。

2.2 Turbo C 的工作窗口

在 Windows 环境中，双击 Turbo C 的快捷图标即可进入 C 语言环境，如图 2-1 所示。

刚进入 Turbo C 环境时，光带覆盖在 File 上，整个屏幕由 4 部分组成，依次为主菜单、编辑窗口、信息窗口和功能键提示行。

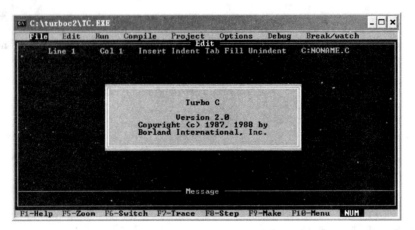

图 2-1 Turbo C 的工作窗口

1. 主菜单

显示屏的顶部是主菜单条,它提供了下面 8 个选择项。

File:功能包括处理文件(装入、存盘、选择、建立、换名存盘、写盘),目录操作(列表、改变工作目录),退出 Turbo C。

Edit:建立、编辑源文件。

Run:自动编译、连接并运行程序。

Compile:编译、生成目标文件组合成工作文件。

Project:将多个源文件和目标文件组合成工作文件。

Options:提供集成环境下的多种选择和设置(如设置存储模式、选择编译参数、诊断及连接任选项)以及定义宏;也可设置 Include、Output 及 Library 文件目录,保存编译任选项和从配置文件加载任选项。

Debug:检查、改变变量的值、查找函数,程序运行时查看调用栈。选择程序编译时是否在执行代码中插入调试信息。

Break/watch:增加、删除、编辑监视表达式以及设置、清除、执行至断点。

在主菜单中,Edit 菜单项仅仅是一条进入编辑器的命令。其他菜单项均为下拉式菜单,包含许多命令,使用方向键移动光带来选择某个命令后,按 Enter 键,表示执行该命令,若屏幕上弹出一个级联下拉菜单,可以进一步选择。

2. 编辑窗口

编辑窗口是在主菜单下,信息窗口之上的区域,其顶行中间有 Edit 标志。在此窗口中可以建立、编辑一个源文件。进入编辑窗口的方式有两种:一种是按 F10 功能键,激活主菜单,然后用光标移动键将光带移到 Edit 上,按 Enter 键,或者在激活主菜单后直接按字母键 E,均可进入编辑窗口;另一种是按 Alt+E 组合键无条件地进入编辑窗口。

进入编辑窗口后,编辑窗口的名字是呈高亮显示的,表示它是活动窗口。窗口的顶部第一行是状态行,给出有关正在被编辑文件的信息。表 2-1 是一些常用的编辑命令。

表 2-1　常用编辑命令

命　令	功　　能	命　令	功　　能
Home	将光标移到行首	End	将光标移到行尾
Ins	插入/改写两种状态的切换	Del	删除光标所在处的字符
PgUp	向上翻页	PgDn	向下翻页
←　→	光标左右移动	↑　↓	光标上下移动
Ctrl+Y	删除光标所在的行	Ctrl+T	删除光标所指的一个单词
Ctrl+U	放弃操作	Backspace	删除光标左边字符

3. 信息窗口

编译和调试源程序时,信息窗口显示诊断信息、警告信息、出错信息以及错误在源程序中的位置。功能键 F5 可以扩大和恢复信息窗口,按 F6 功能键或 Alt+E 组合键,光标从信息窗口跳到编辑窗口。

4. 功能键提示行

屏幕底行是功能键提示行,显示当前状态下功能键(俗称 Turbo C 热键)的作用,如表 2-2 所示。正确使用功能键可以简化操作。

表 2-2　Turbo C 功能键

功能键	简单说明	功能键	简单说明
F1	Help:以分页的形式显示帮助信息	F2	Save:保存当前正在编辑的文件
F3	Load:装入一个源程序文件	F4	go:程序运行到光标所在处
F5	Zoom:缩放活动窗口	F6	Switch:活动窗口开关(切换)
F7	Trace:跟踪到函数中	F8	Step:单步跟踪,但不进入函数内部
F9	Make:对当前文档进行编辑、连接	F10	Menu:激活主菜单,光标跳到主菜单

2.3　程序的创建和运行

2.3.1　建立源程序

在主菜单下,直接按 Alt+F 组合键,或按 F10 功能键后将光带移到 File 菜单上,按 Enter 键,在 File 下面出现一个下拉菜单,菜单中有以下命令。

Load F3:表示加载或装入一个文件。

Pick Alt+F3:从指定的文件列表中选择文件装入编辑器。

New:表示新文件,默认文件名为 noname.c。

Save F2:将正在编辑的文件存盘。

Write to:将正在编辑的程序写入指定的文件中,若文件名已存在则重写。

Directory：表示文件目录。

Change Dir：改变驱动器及目录。

OS Shell：进入 Turbo C 命令行模式,命令 EXIT 可返回集成环境。

Quit Alt＋X：退出 Turbo C。

1. 建立新文件

建立一个新文件,可用光标移动键将 File 菜单中的光带移到 New 处,按 Enter 键,即可打开编辑窗口。此时,编辑窗口是空白的,光标位于编辑窗口的左上角,屏幕自动处于插入模式,可以输入源程序。屏幕右上角显示默认文件名为 noname.c。

2. 输入代码

在编辑区域输入以下代码:

```c
#include<stdio.h>            /*输入输出头文件*/
void main()                  /*main()称为主函数*/
{
    int sum;                 /*定义一个整型的 sum 变量*/
    int a=10,b=20;           /*定义两个整型的变量 a、b,并分别赋值*/
    sum=a+b;                 /*求 a 与 b 相加的和,赋值给 sum*/
    printf("sum=%d\n",sum);  /*输出 sum 的值*/
}
```

3. 保存文件

编辑完成后(图 2-2),可用 F2 功能键或选择 Save 命令进行默认的路径存盘,或是选择 Write to 命令进行完整路径存盘操作,此时系统将提示用户将文件名修改成为所需要的文件名。若编辑一个磁盘上已存在的程序,可使用菜单中的 Load 命令或 Pick 命令将程序装载。

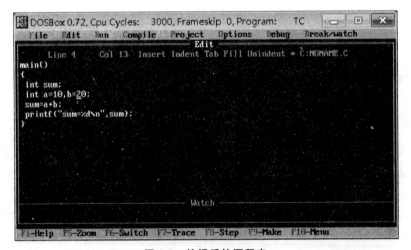

图 2-2　编辑后的源程序

2.3.2 源程序的编译、连接

直接按 F9 功能键,或将菜单 Compile 中的光带移到 Make EXE File 命令上,按 Enter 键,就可实现对源程序的编译、连接。若有错误,则在信息窗口显示出相应的信息或警告,按任意键返回编辑窗口,光标停在出错位置上,可立即进行编辑修改。修改后,再按 F9 功能键进行编译、连接。如此反复,直到没有错误为止,即可生成可执行文件。

2.3.3 执行源程序

直接按 Ctrl＋F9 组合键,即可执行.EXE 文件;或在主菜单中(按 F10 功能键进入主菜单)将光带移到 Run 命令,按 Enter 键,弹出一个菜单,选择 Run 命令,按 Enter 键。这时并不能直接看到输出结果。输出结果是显示在用户屏幕上,在 TC 屏幕上看不到,直接按 Alt＋F5 组合键,或选择 Run 菜单中的 User Screen 命令,即可出现用户屏幕,查看输出结果,如图 2-3 所示。按任意键返回 TC 集成环境。

图 2-3 运行结果

另外,选择 Run 菜单下的 Run 命令,或直接按 Ctrl＋F9 组合键,可将 C 程序的编译、连接、运行一次性完成。如果程序需要输入数据,则在运行程序后,光标停留在用户屏幕上,要求用户输入数据,数据输入完成后程序继续运行,直至输出结果。

如果运行结果不正确或由于其他原因需要重新修改源程序,则需重新进入编辑状态。修改源程序,重复以上步骤,直到结果正确为止。

2.3.4 退出 Turbo C 环境

退出 Turbo C 环境,返回操作系统状态。可在主菜单栏中选择 File 菜单的 Quit 命令,或者直接按 Alt＋X 组合键。在执行退出 Turbo C 环境时,系统将检查当前编辑窗口的程序是否已经存盘,若未存盘,系统将弹出一个提示窗口,提示是否将文件存盘,若单击 Y 按钮则将当前窗口内的文件存盘后退出;若单击 N 按钮则不存盘退出。

第 **3** 章

上机实验指导

本章知识和技能目标

- 熟悉实验总体的要求,做好实验前的准备工作和实验报告的书写。
- 通过各个上机实验的练习,掌握在集成开发环境中的编程方法,达到对 C 语言各个知识点的理解和运用。

3.1　实验总体要求

3.1.1　实验目的

学习 C 语言程序设计应当熟练地掌握程序设计的全过程,包括独立编写源程序、独立上机调试、独立运行程序和分析结果。上机实验的目的如下。

(1) 加深对 C 语言讲授内容的理解,尤其是一些语法规定。通过上机实验的练习,更好地掌握所学的知识。

(2) 熟练地使用集成开发环境。

(3) 学会上机调试程序。通过反复调试程序掌握根据出错信息调试程序的方法。

(4) 通过调试完善程序。

3.1.2　实验前的准备工作

(1) 了解计算机系统的性能和使用方法。

(2) 复习和掌握与本实验有关的教学内容。

(3) 准备好上机所需的程序,切忌不编程或抄袭写好的程序去上机验证。

(4) 准备好调试程序和运行程序所需的数据。

3.1.3　实验报告

上机输入和调试通过后,记录程序清单和运行结果,以便书写实验报告。上机结束后,按照实验指导书的具体要求,整理出实验报告。实验报告应包括以下内容。

(1) 实验题目。

（2）实验内容及步骤。

（3）程序清单。

（4）运行结果。

（5）对运行结果作分析,得出本次实验所取得的经验(如程序未能通过,应分析错误原因)。

3.2 上 机 实 验

3.2.1 实 验－C 程 序 初 步 认 识

【实验目的】

（1）了解所用的计算机系统,掌握在 Windows 中文件的新建、查看、复制以及程序的运行等方法。

（2）熟悉 Visual C++ 集成环境,掌握建立工程和源程序的方法。熟练应用菜单栏和工具栏。

（3）掌握使用 Visual C++ 6.0 进行编辑、编译、连接和运行一个 C 程序。

（4）通过运行简单的 C 程序,了解 C 程序的结构和特点。

【实验内容】

（1）打开 Visual C++ 6.0,新建一个空工程并命名,接着新建一个 C++ 源程序文件 exam1.c,包含在该工程中。

（2）输入下面的程序,设置自己的保存路径,并进行编译、连接和运行,分析程序结构和运行结果。

① 源程序 exam1.c。

```
#include<stdio.h>
void main( )
{
    printf("My name is LiuXiang!\n");         /*原样输出双引号里面的内容*/
    printf("This is a C language!\n");
    printf("Welcome to C language world!\n");
}
```

② 源程序 exam2.c。

```
#include<stdio.h>
void main( )
{
    int a,b,sum;                              /*定义 3 个变量*/
    scanf("%d%d",&a,&b);                      /*给 a、b 变量从键盘输入值*/
    sum=a+b;                                  /*把 a、b 变量值的和赋值给 sum 变量*/
    printf("sum=%d\n",sum);
}
```

【练习】

(1) 参照例题,编写一个 C 程序,输出以下信息。

```
~~~~~~~~~~~~~~
  Hello,World!
~~~~~~~~~~~~~~
```

(2) 编写一个 C 程序,从键盘输入 a、b 两个数的值,求两个数的乘积。

3.2.2 实验二 数据类型、运算符和表达式

【实验目的】

(1) 掌握 C 语言中各种不同数据类型常量、变量的定义和赋值方法。

(2) 掌握 C 语言运算符以及用这些运算符组成表达式的使用,重点掌握自加(++)和自减(――)运算符的使用。

(3) 进一步熟悉 C 程序的编辑、编译、连接和运行的过程。

【实验内容】

(1) 分析以下程序的功能并写出运行结果。

```c
#include<stdio.h>
void main( )
{ char   c1,c2;
  c1='m';
  c2='n';
  printf("转换前的小写字母是%c,%c\n",c1,c2);
  c1=c1-32;
  c2=c2-32;
  printf("转换后的大写字母是%c,%c\n",c1,c2);
}
```

思考:如何把大写字母转换为小写字母?

(2) 整型与字符型之间相互转换。

```c
#include <stdio.h>
void main( )
{ char ch1,ch2;
  ch1 ='M';
  ch2 ='N';
  printf("%c %d\n",ch1 ,ch2);
}
```

分析并运行程序,写出结果。

替换第 6 行语句为：

```
printf("%d %c\n",ch1,ch2);
```

分析并运行程序，写出结果。

将第 3 行改为：

```
int ch1,ch2;
```

分析并运行程序，写出结果。

将第 4、第 5 行改为：

```
ch1=M;
ch2=N;
```

运行程序，分析结果。

将第 4、第 5 行改为：

```
ch1="M";          /＊用双引号＊/
ch2="N";
```

运行程序，分析结果。

（3）＋＋和－－运算符的使用。

```
#include <stdio.h>
void main()
{ int i,j,m,n;
  m=++i;
  n=j--;
  printf("i=%d,j=%d,m=%d,n=%d",I,j,m,n);
}
```

分析并运行程序，写出结果。

第 5 行改为：

m=i++;n=j--;

分析并运行程序,写出结果。

将程序改为：

```
#include<stdio.h>
void main( )
{ int i,j;
  i=100;j=200;
  printf("i=%d,j=%d,i++=%d,j++=%d",i,j,i++,j++);
}
```

分析并运行程序,写出结果。

【练习】
(1) 编写一个 C 程序,输出一个 3 位数的各个位(如 3 位数 123,输出 1,2,3)。
(2) 编写一个 C 程序,求任意两个数的加、减、乘、除、求余。

3.2.3 实验三 数据的输入和输出

【实验目的】
(1) 掌握 C 语言中常用格式字符在输入和输出函数中的使用。
(2) 掌握输入函数 scanf 和输出函数 printf 的使用方法。
(3) 掌握一些简单 C 程序的输入、输出格式的设置。

【实验内容】
(1) 分析以下程序的运行结果。

```
#include <stdio.h>
void main( )
{ int a,b;
  float d,e;
  char c1,c2;
  double f,g;
```

```
long m,n;
unsigned int p,q;
a=100; b=999;
d=12.567; e=1000.1234;
c1='X'; c2='Y';
f=1234.1234567; g=0.123456789;
m=50000;n=-60000;
p=34567;q=45678;
printf("a=%d,b=%d\nc1=%c,c2=%c\nd=%6.2f,e=%6.2f\n",a,b,c1,c2,d,e);
printf("f=%15.6f,g=%15.12f\nm=%ld,n=%ld\np=%u,q=%u\n",f,g,m,n,p,q);
printf("%2s\n%8s\n%8.2s\n%-8.2s\n", "CCTV", "CCTV","CCTV","CCTV");
}
```

(2) 编写程序实现以下输出。

① 输出整数 12345,输出共占 8 位,数据左对齐。

② 输出整数 12345,输出共占 8 位,数据右对齐。

③ 输出浮点数 12.345,输出共占 8 位,数据右对齐。

④ 输出浮点数 123.456789,输出共占 12 位,精度 3 位,数据右对齐。

⑤ 输出浮点数 123.456789,精度 3 位,数据左对齐。

⑥ 输出字符串"computer",输出共占 10 位,数据左对齐。

⑦ 输出字符串"computer"的前 5 位,输出共占 10 位,数据右对齐。

【练习】

(1) 编写 C 程序,从键盘任意输入 3 个数,求 3 个数的平均值(结果保留两位小数)。

(2) 编写 C 程序,从键盘输入圆的半径,输出该圆的周长和面积(π 取值 3.1415926,结果保留 3 位小数)。

3.2.4 实验四 顺序结构程序设计

【实验目的】

(1) 掌握顺序结构程序的组成:表达式语句、说明语句、输入/输出语句以及空语句和复合语句。

(2) 掌握顺序结构程序的编写和执行过程。

【实验内容】

设 x 与 y 有以下函数关系,输入 x 的值,求出 y 的值。程序流程如图 3-1 所示。

$$y = \begin{cases} x & x < 0 \\ 2x+1 & x = 0 \\ x^2-10 & x > 0 \end{cases}$$

参考程序代码如下:

```
#include<stdio.h>
void main( )
{ float x,y;
```

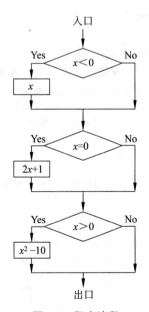

图 3-1 程序流程

```
    printf("请输入 x 的值: ");
    scanf("%f",&x);
    if(x<0)
        y=x;
    if(x==0)
        y=2*x+1;
    if(x>0)
        y=x*x-10;
    printf("y 的值是: %6.2f\n",y);
}
```

【练习】

（1）编写程序，从键盘上输入一个字符，求它的前一个字符和后一个字符，并输出它们的 ASCII 码值。

（2）编写程序，从键盘上输入两个整数给两个变量，将两个变量中的值交换。

3.2.5 实验五 选择结构程序设计

【实验目的】

（1）掌握 if 语句和 switch 语句的使用和操作。

（2）掌握使用逻辑运算符和逻辑表达式的方法。

（3）掌握 C 语言选择结构程序的设计方法。

（4）结合程序编写，掌握一些简单的算法。

【实验内容】

（1）有一函数：

$$y = \begin{cases} 3x-1 & x < 0 \\ 3x+10 & 0 \leqslant x < 20 \\ x^2+100 & x \geqslant 20 \end{cases}$$

用 scanf 函数输入 x 的值，求 y 值。

分析：y 是一个分段函数表达式。要根据 x 的不同区间来计算 y 的值，所以应使用 if 多分支语句。参考程序如下：

```
#include <stdio.h>
void main()
{
    int x,y;
    printf("请输入 x 的值:");
    scanf("%d",&x);
    if(x<0)
        y=3*x-1;
    else if (x<20)
        y=3*x+10;
    else
        y=x*x+100;
    printf("y=%d\n",y);
}
```

（2）上机运行程序，并分析其功能。

```
#include <stdio.h>
void main()
{
  int day;
  printf("请输入一个整数：");
  scanf("%d",&day);
  switch (day)
  {
    case 1:printf("Monday\n");break;
    case 2:printf("Tuesday\n"); break;
    case 3:printf("Wednesday\n"); break;
    case 4:printf("Thursday\n"); break;
    case 5:printf("Friday\n"); break;
    case 6:printf("Saturday\n"); break;
    case 7:printf("Sunday\n"); break;
    default:printf("输入错误\n");
  }
}
```

【练习】

（1）运输公司对用户计算运费。距离越远，每公里运费越低，具体标准如下。

$s<250$	无折扣
$250\leqslant s<500$	2%折扣
$500\leqslant s<1000$	5%折扣
$1000\leqslant s<2000$	8%折扣
$2000\leqslant s$	10%折扣

设每公里每吨货物的基本运费为 p，货物重为 w，距离为 s，折扣为 d，则总运费计算公式为：$f=pws(1-d)$，编写程序计算运费。要求：使用 if 语句，p、w、s 的值从键盘输入。

（2）编程实现：输入一个不多于 4 位的正整数。要求：输出它是几位数；分别输出每位数字；按逆序输出各位数字。程序还应当对不合法的输入做出处理。

（3）输入一个百分制成绩，要求输出成绩等级 A、B、C、D。90 分以上为 A，80～89 分为 B，70～79 分为 C，60～69 分为 D，60 分以下为 E。要求分别用 if 语句和 switch 语句实现。程序还应当对不合法的输入做出处理。

（4）某市出租车 3 公里的起租价为 6 元，3 公里以外，按 1.5 元/公里计费。现编写程序，要求：输入行车里程数，输出应付车费。

（5）用 if-else-if 结构的嵌套求解一元二次方程 $ax^2+bx+c=0$ 的根，其中 a、b、c 的值从键盘输入。

3.2.6 实验六 循环结构程序设计

【实验目的】

（1）掌握 3 种循环语句的使用方法。

（2）理解循环嵌套及其使用方法。

（3）掌握 break 语句与 continue 语句的使用方法。

（4）掌握循环中一些常用的算法。

【实验内容】

（1）分析并运行下面的程序，输入若干个整数，统计其中奇数和偶数的个数。

```c
#include<stdio.h>
void main( )
{
  int x,xj=0,xo=0;
  while(1)
  { printf("请输入一个整数,输入 0 结束!\n");
    scanf("%d",&x);
    if(x==0)  break;
    if(x%2==0)xo=xo+1;
    else xj=xj+1;
  }
  printf("偶数有:%d 个,奇数有:%d 个\n",xo,xj);
}
```

（2）分析并运行下面的程序，计算 n!。

```c
#include<stdio.h>
void main( )
{
  int i=1,n;
  long p=1;
  printf("请输入一个正整数");
  scanf("%d",&n);
  while(i<=n)
  {
    p=p * i;
    i++;
  }
  printf("%d!=%d\n",n,p);
}
```

（3）分析并运行"猜数游戏"程序。

```c
#include <stdio.h>
void main()
{
  int r,x;
  r=88;
  printf("请输入要猜的数(0~100):");
  scanf("%d",&x);
  while(1)
  {
    if(x>r)
```

```
        printf("\n猜大了,请重新猜:");
    else if(x<r)
        printf("\n猜小了,请重新猜:");
    else
        {
            printf("\n恭喜您,猜对了。");
            break;
        }
    scanf("%d",&x);
    }
}
```

【练习】

(1) 编程求 200～500 中能被 3 和 7 同时整除的数(用 while 循环语句完成)。

(2) 编程输出所有的"水仙花数"。水仙花数是指一个 3 位数,其各位数字的立方和等于该数本身,如 $153＝1^3＋5^3＋3^3$。

(3) 编程求 100～200 间的素数。

(4) 编写一个程序,求出所有的 3 位正整数的各个数字之和等于 10。

(5) 编写程序,根据输入行数,分别输出如图 3-2 和图 3-3 所示的图形。

图 3-2 三角形

图 3-3 倒三角形

3.2.7 实验七 数组的应用（一）

【实验目的】

(1) 掌握一维和二维数组的定义、赋值、输入/输出方法。

(2) 掌握对数据进行排序的基本方法(冒泡法)。

(3) 掌握数组的应用。

【实验内容】

(1) 分析并上机运行下面的程序。输入 10 个整数,保存在一维数组 a[10]中,求这 10 个整数的平均值、最小值和最大值。

程序代码如下:

```
#include<stdio.h>
void main()
{
```

```
    int a[10];
    int i,max,min,sum;
    float ave;
    printf("Input a[10]:");
    for(i=0;i<10;i++)
      scanf("%d",&a[i]);
    max=min=a[0];
    sum=a[0];
    for(i=1;i<10;i++)
    {
      if(a[i]>max)
        max=a[i];
      if(a[i]<min)
        min=a[i];
      sum=sum+a[i];
    }
    ave=sum/10;
    printf("average=%.2f,max=%d,min=%d\n",ave,max,min);
}
```

(2) 填补空出的语句，以使程序完整，然后上机验证。

① 下面程序的功能是输出数组 s 中最大元素的下标。

```
#include<stdio.h>
void main()
{ int k,p;
  int s[]={1,-9,7,2,-10,3};
  for(p=0,k=p;p<6;p++)
      if(s[p]>s[k])_____;
  printf("%d\n",k);
}
```

② 下面程序的功能为求主、次对角线元素之和。

```
#include<stdio.h>
void main()
{static int a[][3]={9,7,5,3,1,2,4,6,8};
  int i,j,s1=0,s2=0;
  for(i=0;i<3;i++)
      for(j=0;j<3;j++)
      { if(_____)s1=s1+a[i][j];
          if(_____)s2=s2+a[i][j];
      }
  printf("%d\n%d\n",s1,s2);
}
```

③ 下面程序的功能是将一个字符串的内容颠倒过来。

```
#include<stdio.h>
#include"string.h"
void main()
```

```
{ int i,j,k;
  char str[]={"1234567"};
  for(i=0,j=strlen(str)_____;i<j;i++,j--)
      {k=str[i];str[i]=str[j];str[j]=k;}
}
```

（3）分析并上机运行下面的程序。在键盘上输入 10 个整数,将这些数按照从小到大的次序排列输出。

```
#include"stdio.h"
void main()
{
  int a[10],i,j,temp;
  printf("请输入 10 个整数: \n");
  for(i=0;i<10;i++)
    scanf("%d",&a[i]);
  for(i=0;i<9;i++)
    for(j=0;j<9-i;j++)
    {
      if(a[j]>a[j+1])
      {
        temp=a[j];a[j]=a[j+1];a[j+1]=temp;
      }
    }
  printf("排序后的数据:\n");
  for(i=0;i<10;i++)
    printf("%3d",a[i]);
}
```

【练习】

（1）编写程序,求一个 3×3 矩阵两条对角线上所有元素之和。

（2）有 5 名学生,每名学生有语文、数学、物理和外语四门课的考试成绩,编程统计各学生的总分和平均分,以及所有学生各科的总分和平均分。要求：成绩在程序中初始化,结果以表格的形式输出。

（3）找出一个二维数组的"鞍点",即该位置上的元素在该行上最大,在该列上最小（也可能没有鞍点）。

（4）编程实现用数组输出 Fibonacci 数列的前 20 项。

3.2.8　实验八　数组的应用（二）

【实验目的】

（1）掌握数组的使用方法。

（2）掌握字符串处理函数的使用及字符串的输入、输出方法。

（3）学会使用数组进行程序设计。

【实验内容】

（1）本程序的功能是什么? 写出程序输出结果,然后上机验证。

```c
#include<stdio.h>
void main()
{ int num[10]={10,1,-20,-203,-21,2,-2,-2,11,-21};
  int sum=0,i;
  for (i=0; i<10; i++)
  { if (num[i]>0)
    sum=sum+num[i];
  }
  printf("sum=%6d",sum);
}
```

(2) 分析并上机运行下面的程序。输入一行字符,分别统计出其中的英文、空格、数字和其他字符的个数。

```c
#include<stdio.h>
#include<string.h>
void main()
{
  char line[256];
  int i,n1,n2,n3,n4;
  n1=n2=n3=n4=0;
  printf("请输入一行字符:");
  gets(line);
  for(i=0;line[i]!='\0';i++)
  {
    if((line[i]>='A'&&line[i]<='Z')||(line[i]>='a'&&line[i]<='z'))
        n1++;
    else
      if(line[i]==' ')  n2++;
    else
      if(line[i]>='0'&&line[i]<='9') n3++;
    else n4++;
  }
  printf("字母数: %d\n",n1);
  printf("空格数: %d\n",n2);
  printf("数字数: %d\n",n3);
  printf("其他字符数: %d\n",n4);
}
```

(3) 分析并上机运行下面的程序。青年歌手参加歌曲大奖赛,有 10 个评委对其表演进行打分,编程求这位选手的平均得分(去掉一个最高分和一个最低分)。

```c
#include<stdio.h>
void main()
{int i;
  float a[11],max,min,ave=0;
  printf("\n 输入评委所打的分数: \n");
  for(i=1;i<=10;i++)
    scanf("%f",&a[i]);
  max=min=a[1];
```

```
for(i=1;i<=10;i++)
{
  if(a[i]>max) max=a[i];
  if(a[i]<min) min=a[i];
  ave+=a[i];
}
ave=(ave-max-min)/8;
printf("选手所得最后分数：%6.2f\n",ave);
}
```

【练习】

(1) 从键盘上输入一行字符串，输出该字符串的长度（不使用 strlen 函数）。

(2) 有一串字符串，最多 80 个字符。要求统计其中英文大写字母、小写字母、数字、空格以及其他字符的个数。

(3) 从键盘上输出两个字符串，将两个字符串连接起来，不要用 strcat 函数。

(4) 从键盘上输入一字符串，并判断是否形成回文（即正序和逆序一样）。

(5) 输入一个 0～255 之间的十进制整数，要求把此数转化为二进制形式。

3.2.9　实验九　函数的应用

【实验目的】

(1) 掌握函数的定义方法。

(2) 理解函数返回值的意义，掌握正确操作函数返回值的方法。

(3) 掌握函数实参与形参的对应关系以及"值传递"的方式。

(4) 掌握函数的递归调用方法。

【实验内容】

(1) 阅读下面的程序，分析程序的功能和运行结果，然后上机验证。

```
#include<stdio.h>
void f(float a , float b)
{
    float c;
    if(a>b)
        c=a*b;
    else
        c=a/b;
    printf("%f",c);
}

void main()
{
    float x,y;
    scanf("%f%f",&x,&y);
    f(x,y);
}
```

（2）阅读下面的程序，分析程序的功能和运行结果，然后上机验证。

```c
#include <stdio.h>
void swap(int x,int y)
{int t;
  t=x;
  x=y;
  y=t;
  printf("x=%d\ty=%d\n",x,y);
}
void main()
{int a,b;
  printf("请输入 a,b 的值:");
  scanf("%d%d",&a,&b);
  swap(a,b);
  printf("a=%d\tb=%d\n",a,b);
}
```

（3）阅读下面的程序，分析程序的功能和运行结果，然后上机验证。

```c
#include "stdio.h"
int sum(int n)
{
  int i,sum=0;
  for(i=1;i<=n;i++)
  {
    sum+=i;
  }
  return sum;
}

int fact(int n)
{
  if(n<=1)
    return 1;
  else
    return (n*fact(n-1));
}

void main()
{
  int n;
  printf("请输入整数 n:");
  scanf("%d",&n);
  printf("1+2+3+…+%d=%d\n",n,sum(n));
  printf("%d!=%d\n",n,fact(n));
}
```

（4）阅读下面的程序，分析程序的功能和运行结果，然后上机验证。

```c
#include<stdio.h>
#include<math.h>
```

```
int ss(int x)
{
  int i,k,flag=1;
  k=(int)sqrt(x);
  i=2;
  while(i<=k)
  {
    if(x%i==0)
      {flag=0;break;}
    i++;
  }
  return flag;
}

void main()
{
  int m;
  printf("请输入一个整数:");
  scanf("%d",&m);
  if(ss(m))  printf("%d 是素数.\n",m);
  else printf("%d 不是素数.\n",m);
}
```

【练习】

(1) 编写求两个数中最大值的函数。

(2) 输入一个数组,利用自定义函数求数组的平均值(用数组作参数)。

(3) 写一个递归函数,将读入的整数按位分开后以相反顺序输出。

(4) 上机调试下面的程序,记录系统给出的出错信息,并指出错误原因。

```
#include<stdio.h>
void main()
{
  printf("%d\n",sum(x+y));
  int sum(a,b)
  {
    int a,b;
    return(a+b);
  }
}
```

3.2.10 实验十 指针的应用

【实验目的】

(1) 掌握指针的概念,学会定义和使用指针变量。

(2) 掌握使用指针处理数组和字符串的方法。

(3) 能使用指针进行简单的程序设计。

(4) 掌握指针和数组作为函数参数时的使用方法。

【实验内容】

（1）分析下面程序的运行结果，并上机验证。

```c
#include<stdio.h>
void main()
{ int a,b, * p1, * p2;
  a=10;b=20;
  p1=&a;
  p2=&b;
  printf("%d,%d\n", * p1, * p2);
  p1=&b;
  p2=&a;
  printf("%d,%d\n", * p1, * p2);
}
```

（2）下面程序的功能是利用指针求字符串的长度，分析程序设计方法并上机验证。

```c
#include "stdio.h"
#include "string.h"
void main()
{
  char str[100], * p;
  int num=0;
  printf("请输入一个字符串:");
  gets(str);
  p=str;
  while( * p!='\0')
  {
    num++;
    p++;
  }
  printf("字符串的长度是:%d\n",num);
}
```

（3）分析下面程序的功能，并上机验证。

```c
#include <stdio.h>
void main ()
{ int arr_add(int arr[],int n);
  int a[3][4]={1,2,3,4,5,6,7,8,9,10,11,12};
  int * p,sum=0;
  p=a[0];
  sum=arr_add(p,12);
  printf("sum=%d\n",sum);
}

int arr_add(int arr[],int n)
{int i,sum1=0;
  for(i=0;i<n;i++)
    sum1=sum1+arr[i];
```

```
    return(sum1);
}
```

【练习】

(1) 输入一字符串,将字符串中的字符逆序后输出(用指针实现)。

(2) 有 3 个指针变量 $p1$、$p2$、$p3$,分别指向整数 x、y、z。然后通过指针变量使 x、y、z 3 个变量交换顺序,即原来 x 的值给 y,把 y 的值给 z,z 的值给 x。x、y、z 的初始值由键盘输入,要求输出 x、y、z 的初始值和新值。

(3) 利用指针型参数,写一个函数 $f(x,y)$ 交换 x 和 y 的值。

3.2.11 实验十一 编译预处理

【实验目的】

(1) 掌握宏的概念和定义。

(2) 掌握宏定义的方法和使用。

【实验内容】

(1) 分析下面程序的功能,并上机验证。

```c
#include <stdio.h>
#define MAX(a,b) (a>b)? a:b
void main()
{
  int i=100,j=200;
  printf("MAX=%d\n",MAX(i,j));
}
```

(2) 分析下面程序的功能,并上机验证。

```c
#include <stdio.h>
#define R 5.5
#define PI 3.1415926
#define L 2 * PI * R
#define S PI * R * R
void main()
{
  printf("半径为%f 的圆:\n 周长:L=%f\n 面积:S=%f\n",R,L,S);
}
```

(3) 分析下面程序的功能,并上机验证。

```c
#include<stdio.h>
#define N 10
void main()
{
  int a[N];
  int i;
  printf("Input a[%d]:",N);
  for(i=0;i<N;i++)
```

```
    scanf("%d",&a[i]);
  for(i=0;i<N;i++)
    printf ("%5d",a[i]);
}
```

【练习】

定义一个带参数的宏,使两个参数的值互换。在主函数中输入两个数作为使用宏的实参,输出已交换后的两个值(提示:宏定义: # define SWAP(a,b) t=b;b=a;a=t;调用格式: SWAP(a,b);)。

3.2.12 实验十二 结构体

【实验目的】

(1) 掌握结构体类型变量的定义及使用。

(2) 掌握结构体变量的引用形式以及结构体数组的应用。

【实验内容】

(1) 分析以下程序的功能和运行结果,并上机验证。

```
#define N 5
#include "stdio.h"
struct student
{
  char num[8];
  char name[10];
  char sex;
  int age;
  int chi_score,math_score,phy_score;
  int sum;
  int average;
};
void main()
{ int i;
  struct student stud[N];      /*输入 N 名学生的基本信息*/
  for(i=0;i<N;i++)
  {
    printf("\n 输入第%d 个学生的学号: ",i+1);
    gets(stud[i].num);
    printf("\n 输入第%d 个学生的姓名: ",i+1);
    gets(stud[i].name);
    printf("\n 输入第%d 个学生的性别: ",i+1);
    stud[i].sex=getchar();
    printf("\n 输入第%d 个学生的年龄: ",i+1);
    scanf("%d",&stud[i].age);
    printf("\n 输入第%d 个学生的语文成绩: ",i+1);
    scanf("%d",&stud[i].chi_score);
    printf("\n 输入第%d 个学生的数学成绩: ",i+1);
    scanf("%d",&stud[i].math_score);
    printf("\n 输入第%d 个学生的物理成绩: ",i+1);
```

```
    scanf("%d",&stud[i].phy_score);
  }
/*计算学生的总分和平均分*/
for(i=0;i<N;i++)
{ stud[i].sum=stud[i].chi_score+stud[i].math_score+stud[i].phy_score;
  stud[i].average=stud[i].sum/3;
}
/*输出学生的基本信息情况*/
printf("\n学号  姓名  性别  年龄  语文  数学  物理  总分  平均成绩");
printf("\n----------------------------------------------");
for(i=0;i<N;i++)
{
  printf("\n%-5s%-7s%3c%5d",stud[i].num,stud[i].name,stud[i].sex,stud
  [i].age);
  printf("%6d%6d%6d",stud[i].chi_score,stud[i].math_score, stud[i].phy_
  score);
  printf("%6d%6d",stud[i].sum,stud[i].average);
}
printf("\n----------------------------------------------");
}
```

(2) 分析以下程序的功能和运行结果,并上机验证。

```
#include "stdio.h"
struct stu
{
  int num;
  char * name;
  char sex;
  float score;
}
stus[5]={
        {101,"Li ping",'M',45},
        {102,"Zhang ping",'M',62.5},
        {103,"He fang",'F',92.5},
        {104,"Cheng ling",'F',87},
        {105,"Wang ming",'M',58},
      };
void main()
{
  int i,c=0;
  float ave,s=0;
  for(i=0;i<5;i++)
  {
    s+=stus[i].score;
    if(stus[i].score<60)   c+=1;
  }
  printf("");
  ave=s/5;
  printf(" s=%f\n average=%f\n count=%d\n",s,ave,c);
}
```

【练习】

(1) 定义一个结构体变量,其成员包括学号、姓名、班级、总分。通过键盘为其赋值,然后按照一定的格式输出(格式自定)。

(2) 编写程序:有 4 名学生,每个学生的数据包括学号、姓名、成绩,要求输出成绩最高者的姓名和成绩。

3.2.13 实验十三 文件

【实验目的】

(1) 掌握文件和文件指针的概念及文件的定义方法。

(2) 掌握文件的打开、关闭和读写等操作。

【实验内容】

(1) 分析以下程序的功能和运行结果,并上机验证。

```c
#include <stdio.h>
void main()
{char c1='M',c2,s1[20]={"C-program!"},s2[20];
  int i1=888,i2;
  float f1=88.888,f2;
  FILE * fp;
  if((fp=fopen("format.dat","w"))==NULL)
  {printf("Can not open file\n");
    exit(1);
  }
  printf("%c,%d,%f,%s\n",c1,i1,f1,s1);
  fprintf(fp,"%c,%d,%f,%s\n",c1,i1,f1,s1);
  fclose(fp);
  if((fp=fopen("format.dat","r"))==NULL)
  {printf("Can not open file\n");
    exit(1);
  }
  fscanf(fp,"%c,%d,%f,%s",&c2,&i2,&f2,&s2);
  printf("%c,%d,%f,%s\n",c2,i2,f2,s2);
  fclose(fp);
}
```

(2) 以下程序的功能:建立一个职工工资数据文件 salary.dat,写入 5 个职工的工资数据,然后读取文件中的数据并输出。分析程序结构并上机验证。

```c
#include<stdio.h>
#define N 5
struct staff
{
  char name[10];
  int salary;
  int cost;
};
void main()
```

```
{ struct staff worker;
  int i;
  FILE * fp;
  if((fp=fopen("salary.dat","wb+"))==NULL)
  {printf("Can not open file\n");
    exit(1);
  }
  for(i=0;i<N;i++)
  {printf("输入第 %d 个职工的姓名,收入,支出:\n",i+1);
    scanf("%s%d%d", worker.name,&worker.salary,&worker.cost);
    fwrite(&worker,sizeof(struct staff),1,fp);
  }
  rewind(fp);
  for(i=0;i<N;i++)
  {fread(&worker,sizeof(struct staff),1,fp);
    printf("%s,%d,%d\n", worker.name,worker.salary,worker.cost);
  }
  fclose(fp);
}
```

【练习】

(1) 编写程序:某个学生有 3 门课的成绩,从键盘输入以下数据(包括学号、姓名、3 门课成绩),计算出平均成绩,将原有数据和平均分存放在磁盘文件 student 中。

(2) 编写程序:读取一个文本文件,统计其中的英文字母、数字和其他字符的个数。

第4章

CHAPTER 4

综 合 实 训

 本章知识和技能目标

- 掌握 C 语言理论知识和编程方法。
- 通过综合实训的练习，能熟练运用 C 语言开发一些管理系统。

4.1 学生通信管理系统

【实验目的】

综合运用 C 语言所学知识进行结构化程序设计，开发小型的学生通讯管理系统。

【实验内容】

本程序是一个学生通信管理系统，能实现对学生信息的添加、删除和输出。学生信息数据包括学号、姓名、电话号码。程序包括的函数有主函数、输入数据函数、输出数据函数和删除数据函数。

1. 主函数

声明各子函数，通过多分支语句选择调用相应的子函数。

2. create()函数（输入数据函数）

给数组元素赋值，把数组元素写入 fp 所指的文件中。

3. show()函数（输出数据函数）

以读的方式打开 fp 所指的文件，并输出数据。

4. delete()函数（删除数据函数）

以读的方式打开 fp 所指的文件，选择删除数据，将剩余数组元素写入 fp 所指的文件中。

5. 参考程序

```
#include<stdio.h>
#include<string.h>
#include<stdlib.h>
#define N 100
```

```
struct student
{
    char num[11];
    char name[11];
    char tel[11];
};

void create();
void show();
void delete();

void main()  /*主函数*/
{
    int choose;
    system("CLS");
    //printf("\n\n\n\n\n\n");
    while(1)
    {
        printf(" -----------------------------------\n");
        printf(" |请选择一个数字(0~3): |\n");
        printf(" |-----------------------------|\n");
        printf(" | 1---创建|\n");
        printf(" | 2---显示|\n");
        printf(" | 3---删除|\n");
        printf(" | 0---退出|\n");
        printf(" |-----------------------------|\n");
        printf(" 请选择一个数字:");
        scanf("%d",&choose);
        switch(choose)
        {
            case 1:create();break;
            case 2:show();break;
            case 3:delete();break;
            case 0:exit(0);
            default: printf("输入错误!");
        }

    }
}

void create()               /*输入数据函数*/
{
    int i,n=0;
    struct student temp , stu[N];
    FILE * fp;
    for(i=0;i<N;i++)
    {
        printf("\n输入第 %d 个 :\n",i+1);
        printf("学号(以#结束):"); scanf("%s",&stu[i].num);
```

```
        printf("姓名(以#结束):"); scanf("%s",&stu[i].name);
        printf("电话(以#结束):"); scanf("%s",&stu[i].tel);
        if(stu[i].num[0]=='#' || stu[i].name[0]=='#' || stu[i].tel[0]=='#')
            break;
        n++;
    }
    fp=fopen("tongxun.txt","wb");
    if(fp==NULL)
    {
        printf("\n出错!\n");
        return;
    }
    for(i=0;i<n;i++)
        if(fwrite(&stu[i],sizeof(struct student),1,fp)!=1)
            printf("出错!\n");
    fclose(fp);
}


void show()  /*输出函数*/
{
    struct student temp;
    FILE * fp;
    int i,len,n;
    fp=fopen("tongxun.txt","rb");
    if(fp==NULL)
    {
        printf("\n无法打开!\n");
        return;
    }
    system("cls");
    printf("     学号      姓名       电话\n");
    fseek(fp,0,SEEK_END);
    len=ftell(fp);
    n=len/sizeof(struct student);
    rewind(fp);
    for(i=0;i<n;i++)
    {
        fread(&temp,sizeof(struct student),1,fp);
        printf("%-11s%-11s%11s\n",temp.num , temp.name, temp.tel);
    }
    fclose(fp);
}


void delete()                      /*删除函数*/
{
    char tempnum[10];
    FILE * fp;
    int n=0;
    struct student record[N], * p, * k;
```

```
fp=fopen("tongxun.txt","rb");
p=record;
while(feof(fp)==0)
{
    fread(p,sizeof(struct student),1,fp);
    p++;
    n++;
}
fclose(fp);
printf("\n 请输入您要删除学生的学号:");
getchar();
gets(tempnum);
for(k=record;k<record+n;k++)
    if(strcmp(tempnum , k->num)==0) break;
if(k<record+n)
    for(p=k;p<k+n;p++)
        * p= * (p+1);
else
    printf("\n 输入错误,没有这个人!\n");
fp=fopen("tongxun.txt","wb");
if(fp==NULL)
{
    printf("\n 无法打开!\n");
    return;
}
for(p=record;p<record+n-1;p++)
    fwrite(p,sizeof(struct student),1,fp);
    fclose(fp);
}
```

6. 程序运行演示与结果输出

(1) 程序运行主菜单界面,如图 4-1 所示。

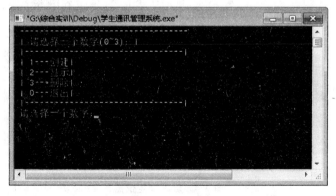

图 4-1 主菜单

(2) 选择"1---创建"进行文件的创建并添加学生信息。

操作完成后提示:"输入第 1 个:",接着输入第一个学生的学号、姓名和电话,之后输入第 2 个学生的信息，直到输入"♯"，输入结束，如图 4-2 所示。

图 4-2　输入学生信息

（3）选择"2---显示"进行学生信息的输出显示。

输入学生信息操作完毕后，显示所有学生的信息，如图 4-3 所示。

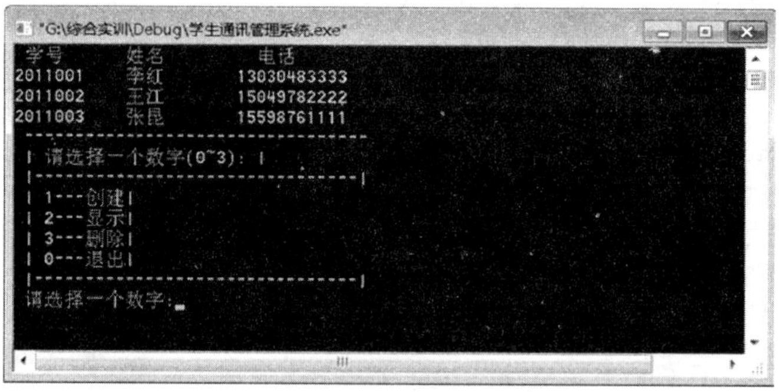

图 4-3　显示学生信息

（4）选择"3---删除"进行学生信息的删除。

进行学生信息删除操作，需要根据输入学生的学号进行删除，操作界面如图 4-4 所示。

图 4-4　删除学生信息

（5）选择"0---退出"，退出系统，所有操作完成。

最后系统自动生成 tongxun. txt 文件，文件中保存了操作结束后的学生信息。

4.2 大赛管理系统

【实验目的】

综合运用 C 语言所学知识进行大赛管理系统的开发与设计。

【实验内容】

大赛管理系统的功能是：对评委(大于两个)和参赛人数的设置,根据评委对各个参赛选手的打分,再计算出各个选手的最后得分(去掉一个最高分,去掉一个最低分,取平均分),对选手最后得分的排序和查询。程序包括的函数有主函数、菜单函数、数据输入函数、数据输出函数、计算函数、排序函数和查询函数。

1. 主函数

调用菜单函数,通过多分支语句选择调用相应的子函数。

2. menu()函数 (菜单函数)

输出菜单信息,对用户进行提示。

3. input()函数 (输入函数)

输入参赛人数和评委人数,并对各个参赛选手进行打分输入。

4. count()函数 (计算函数)

对各个参赛选手的最后得分进行计算,计算方法是去掉一个最高分和一个最低分,取平均分。

5. print()函数 (输出函数)

按序号输出各个评委给各个选手的打分和最后得分。

6. sort()函数 (排序函数)

对各个选手的最后得分进行降序排列输出。

7. search()函数 (查询函数)

根据输入编号对所有参赛选手的得分情况进行查询输出。

8. 参考程序

```c
#include"stdio.h"
#include"stdlib.h"
#include"string.h"
#include"math.h"

struct player
{
    int num;
    int rater;
    float score[20];
    float grade;
```

```
        int rank;
    } play[20];

    int k,n;

    void meun()                              /*菜单函数*/
    {
        printf("大赛管理系统\n");
        printf("_____\n ");
        printf("1.录入得分信息\n");
        printf("2.最后得分信息表\n");
        printf("3.最后得分排名表\n");
        printf("4.查询得分情况\n");
        printf("5.退出系统\n");
        printf("_____\n");
    }
    void input()    /                        *输入函数*/
    {
        int i,j;
        printf("请输入参赛人数：");
        scanf("%d",&k);
        printf("请输入评委人数：");
        while(1)
        {
            scanf("%d",&n);
            if(n>2)
                break;
            else
                printf("评委人数必须大于2,请重新输入。");
        }
        for(i=0;i<k;i++)
        {
            printf("\n选手编号：%d\n",i+1);
            play[i].num=i+1;
            for(j=0;j<n;j++)
            {
                play[j].rater=j+1;
                printf("请输入%d评委给分：",j+1);
                scanf("%f",&play[i].score[j]);
                if(play[i].score[j]<0||play[i].score[j]>10)
                {
                    printf("分数必须在0-10范围内,请重新输入。");
                    j--;
                }
            }
        }
    }

    void count()                             /*计算函数*/
```

```
{
    int i,j;
    float s;
    float min,max;
    for(i=0;i<k;i++)
    {
        s=0.0;
        min=10.0;
        max=0.0;
        for(j=0;j<n;j++)
        {
            s=s+play[i].score[j];
            min=(min>=play[i].score[j])? play[i].score[j]:min;
            max=(max<=play[i].score[j])? play[i].score[j]:max;
        }
        play[i].grade=(s-min-max)/(n-2);
    }
    for(i=0;i<k;i++)
    {
        play[i].rank=1;
        {
            for(j=0;j<k;j++)
            if(play[i].grade<play[j].grade)
                play[i].rank++;
        }
    }
}

void print()                        /*输出函数*/
{
    int i,j;
    printf("\n*************大赛得分表*************\n");
    for(i=0;i<k;i++)
    {
        printf("选手编号 %d",play[i].num);
        for(j=0;j<n;j++)
            printf("\t评委%d给分 %.2f",play[j].rater,play[i].score[j]);
        printf("\t最后得分 %.2f\n",play[i].grade);
    }
}

void sort()                         /*排序函数*/
{
    int i,j,m;
    printf("\n*************大赛排名表*************\n");
    for(m=1;m<=k;m++)
    {
        for(i=0;i<k;i++)
        {
```

```
            if(play[i].rank==m)
            {
                printf("选手编号 %d",play[i].num);
                for(j=0;j<n;j++)
                    printf("\t 评委%d给分 %.2f",play[j].rater,play[i].score[j]);
                printf("\t 最后得分 %.2f",play[i].grade);
                printf("\t 名次 %d\n",play[i].rank);
            }
        }
    }
}

void search()                           /* 查询函数 */
{
    int a;
    int i,j;
    printf("请输入选手的编号: ");
    scanf("%d",&a);
    if(a>k||a<=0)
        printf("选手编号输入错误!\n");
    else
     for(i=0;i<k;i++)
     {
        if(a==play[i].num)
        {
            printf("选手编号 %d\t",play[i].num);
            for(j=0;j<n;j++)
                printf("\t 评委%d给分 %.2f",play[j].rater,play[i].score[j]);
            printf("\t 最后得分 %.2f",play[i].grade);
            printf("\t 名次 %d",play[i].rank);
        }
     }
}

void main()                             /* 主函数 */
{
    int choice;
    meun();
    printf("\n 请输入菜单号: ");
    scanf("%d", &choice);
    while(1)
    {
        switch(choice)
        {
        case 1:input();count();break;
        case 2:print();break;
        case 3:sort();break;
        case 4: search();break;
        case 5: exit(0);
```

```
        default:printf("无此选项,重新选择\n");
        }
        printf("\n 请输入菜单号: ");
        scanf("\n%d",&choice);
    }
}
```

9. 程序运行演示与结果输出

（1）程序运行主菜单界面如图 4-5 所示。

图 4-5　主菜单

（2）输入菜单号 1,进入"1.录入得分信息"。

分别录入参赛人数和评委人数（大于两人）,接着按编号输入各个评委的打分（0～10）,当所有参赛选手分数输完后,完成得分信息录入,返回主菜单,如图 4-6 所示。

图 4-6　录入得分信息

（3）输入菜单号 2,进入"2.最后得分信息表"。

根据编号顺序,显示各个参赛选手的评委打分和最后得分,如图 4-7 所示。

（4）输入菜单号 3,进入"3.最后得分排名表"。

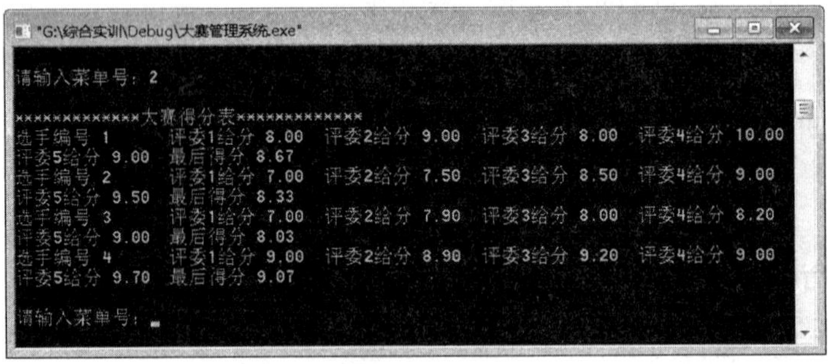

图 4-7 显示得分信息

根据最后得分由大到小的顺序,显示排名后的得分信息,如图 4-8 所示。

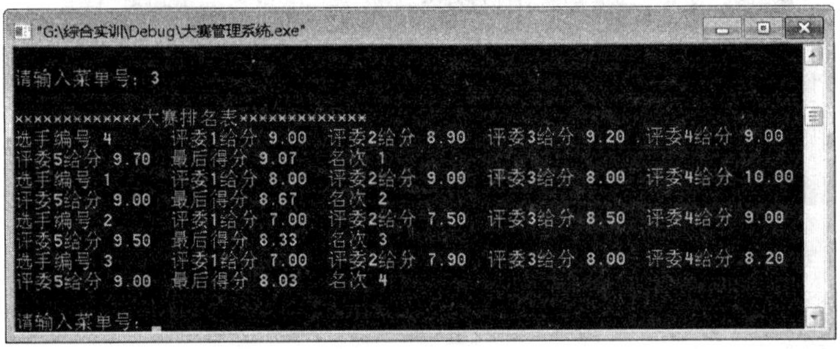

图 4-8 最后得分排名

(5) 输入菜单号 4,进入"4.查询得分情况"。

根据输入的选手编号,查询选手的得分情况及排名,如图 4-9 所示。

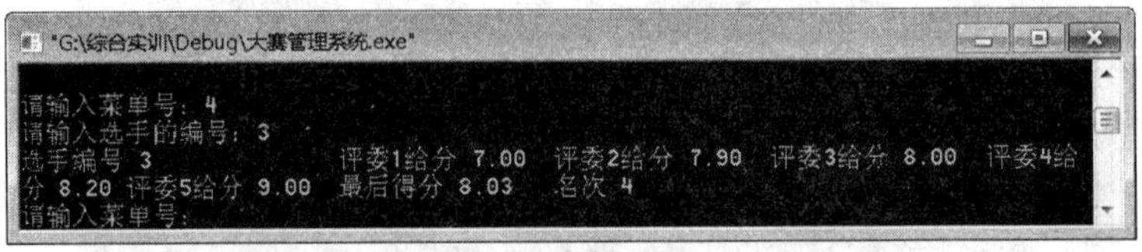

图 4-9 查询选手得分情况

(6) 输入菜单号 5,进入"5.退出系统",退出大赛管理系统。

4.3 学生成绩管理系统

【实验目的】

综合运用 C 语言所学知识进行学生成绩管理系统的设计与开发。

【实验内容】

学生成绩管理系统的功能是对学生的信息录入、计算、查找、插入、删除、输出和成绩排序。程序包括的函数有主函数、菜单函数、输入函数、查找函数、插入函数、删除函数、输出函数、排序函数和出错处理函数。

1. 主函数
调用菜单函数。

2. menu()函数（菜单函数）
输出菜单提示信息，并记录选项，调用相应的子函数。

3. input()函数（输入函数）
输入学生人数，并输入各个学生的个人信息和各科成绩，同时计算总分和平均分。

4. find()函数（查找函数）
根据学号或是姓名进行查找学生信息。

5. insert()函数（插入函数）
在数据的末尾，插入一个学生的信息。

6. del()函数（删除函数）
根据学生学号删除学生信息。

7. output()函数（输出函数）
输出全部学生信息。

8. sort()函数（排序函数）
根据学生的平均成绩进行排序。

9. error()函数（出错处理函数）
对主菜单输入错误的信息进行出错处理。

10. 参考程序

```c
#include <stdio.h>
#include <string.h>
#include <stdlib.h>
#define MAX 100

struct node
{
  int num;
  char name[10];
  char sex[2];
  int age;
  int chinese;
  int english;
  int computer;
  int math;
  int total;
  int average;
}stu[MAX];
```

```c
struct node temp;

int c=0;

void menu();
void input();
void sort();
void find();
void del();
void output();
void error();
void insert();
void print(int i);

void main()                    /*主函数*/
{
    menu();
}

void menu()                    /*菜单函数*/
{
  int select;
  system("cls");
  printf("    学生成绩管理系统\n");
  printf("***************************\n");
  printf("[1]输入              \n");
  printf("[2]查找              \n");
  printf("[3]插入              \n");
  printf("[4]删除              \n");
  printf("[5]输出              \n");
  printf("[6]排序              \n");
  printf("[7]退出              \n");
  printf("***************************\n");
  printf("请输入你的选项(1-7): ");
  scanf("%d",&select);
  switch(select)
  {
    case 1:input();break;
    case 2:find();break;
    case 3:insert();break;
    case 4:del();break;
    case 5:output();break;
    case 6:sort();break;
    case 7:exit(0);break;
    default:error();break;
  }
}
```

```
void input()              /*输入函数*/
{
  int i;
  system("cls");
  printf("请输入学生人数:");
  scanf("%d",&c);
  c--;
  if(c>MAX)
  {
    printf("最多输入%d个学生\n",MAX);
    printf("按任意键返回……");
    getchar();
    getchar();
    input();
  }
    for(i=0;i<=c;i++)
  {
    printf("\n第%d个学生的学号:",i+1);
    scanf("%d",&stu[i].num);
    printf("第%d个学生的姓名:",i+1);
    scanf("%s",stu[i].name);
    printf("第%d个学生的性别:",i+1);
    scanf("%s",stu[i].sex);
    printf("第%d个学生的年龄:",i+1);
    scanf("%d",&stu[i].age);
    printf("第%d个学生的语文成绩:",i+1);
    scanf("%d",&stu[i].chinese);
    printf("第%d个学生的英语成绩:",i+1);
    scanf("%d",&stu[i].english);
    printf("第%d个学生的计算机成绩:",i+1);
    scanf("%d",&stu[i].computer);
    printf("第%d个学生的数学成绩:",i+1);
    scanf("%d",&stu[i].math);
    stu[i].total=stu[i].chinese+stu[i].english+stu[i].computer+stu[i].math;
    stu[i].average=stu[i].total/4;
  }
  printf("\n按Enter键返回主菜单……\n");
  getchar();
  getchar();
  menu();
}

void sort()   /*排序函数*/
{
  int i,j;
  struct node temp;
```

```c
      for(i=0;i<c;i++)
      {
          for(j=i+1;j<=c;j++)
          {
              if(stu[i].average>stu[j].average)
              {
                  temp=stu[i];
                  stu[i]=stu[j];
                  stu[j]=temp;
              }

          }
      }
      menu();
}

void find()                    /*查找函数*/
{
   int xuehao;
   char name[10];
   int flag;
   int i;
   system("cls");
   printf("按学号查找[1]:\n");
   printf("按姓名查找[2]:\n");
   printf("请选择:");
   scanf("%d",&flag);
   if(flag==1)
   {
     printf("请输入你要查找的学号:");
     scanf("%d",&xuehao);
     for(i=0;i<c;i++)
     {
       if(stu[i].num==xuehao)
       {
         printf("\n*********** %s 的成绩 ******************\n",stu[i].name);
         printf("学号:%d\t 性别:%s\t 年龄:%d\n\n",stu[i].num,stu[i].sex,stu[i].age);
         printf("语文成绩:%d\n",stu[i].chinese);
         printf("数学成绩:%d\n",stu[i].math);
         printf("英语成绩:%d\n",stu[i].english);
         printf("计算机成绩:%d\n",stu[i].computer);
         printf("总分:%d\t 平均分:%d\n",stu[i].total,stu[i].average);
       }
     }
   }
   else if(flag==2)
   {
```

```
      printf("请输入你要查找的姓名:");
      scanf("%s",name);
      for(i=0;i<c;i++)
      {
        if(strcmp(stu[i].name,name)==0)
        {
          printf("\n*********** %s 的成绩 ****************\n",stu[i].name);
          printf("学号:%d\t 性别:%s\t 年龄:%d\n\n",stu[i].num,stu[i].sex,stu[i].age);
          printf("语文成绩:%d\n",stu[i].chinese);
          printf("数学成绩:%d\n",stu[i].math);
          printf("英语成绩:%d\n",stu[i].english);
          printf("电脑成绩:%d\n",stu[i].computer);
          printf("总分:%d\t 平均分:%d\n",stu[i].total,stu[i].average);
        }
      }
    }
    else
    {
      printf("选择的范围(1 或 2),请重新输入……");
      find();
    }
    printf("\n按 Enter 键返回主菜单……\n");
    getchar();
    getchar();
    menu();
}

void del()                    /* 删除函数 */
{
  int n,j;
  printf("请输入学号:\n");
  scanf("%d",&n);
    for( j=0;j<=c;j++)
  {
    if (stu[j].num==n)
    {
    int i=j;
    while(i++!=c)
        stu[i-1]=stu[i];
    }
  }
  --c;
  menu();
}
void output()
{
  int i;
```

```
      system("cls");
      for(i=0;i<=c;i++)
      {
        print(i);
      }
      printf("\n 按 Enter 键返回主菜单……\n");
      getchar();
      getchar();
      menu();
    }
    void error()                /* 主菜单输入出错处理函数 */
    {
      system("cls");
      printf("输入有误,选择的范围是 1-7: \n");
      printf("\n 按 Enter 键继续……\n");
      getchar();
      getchar();
      system("cls");
      menu();
    }
    void insert()               /* 插入函数 */
    {
      int i,j;
      system("cls");
      printf("插入学生的信息:\n");
      printf("请输入学生学号:");
      scanf("%d",&temp.num);
      printf("请输入学生姓名:");
      scanf("%s",temp.name);
      printf("请输入学生性别:");
      scanf("%s",temp.sex);
      printf("请输入学生年龄:");
      scanf("%d",&temp.age);
      printf("请输入学生语文成绩:");
      scanf("%d",&temp.chinese);
      printf("请输入学生英语成绩:");
      scanf("%d",&temp.english);
      printf("请输入学生计算机成绩:");
      scanf("%d",&temp.computer);
      printf("请输入学生数学成绩:");
      scanf("%d",&temp.math);
      temp.total=temp.english+temp.chinese+temp.computer+temp.math;
      temp.average=temp.total/4.0;
      if(c<MAX)
      {
        if(c==0)
        {
          stu[c]=temp;
        }
```

```
    else
    {
       c++;
       stu[c]=temp;
    }
  }
  menu();
}
void print(int i)            /* 输出函数 */
{
  printf("\n*********** %s 的成绩*******************\n",stu[i].name);
  printf("学号：%d\t 性别：%s\t 年龄：%d\n\n",stu[i].num,stu[i].sex,stu[i].age);
  printf("语文成绩：%d\n",stu[i].chinese);
  printf("数学成绩：%d\n",stu[i].math);
  printf("英语成绩：%d\n",stu[i].english);
  printf("电脑成绩：%d\n",stu[i].computer);
  printf("总分：%d\t 平均分：%d\n",stu[i].total,stu[i].average);
}
```

11. 程序运行演示与结果输出

（1）程序运行主菜单界面如图 4-10 所示。

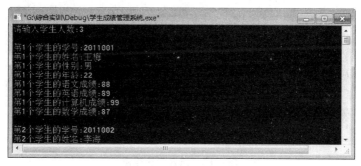

图 4-10　主菜单

（2）输入菜单号 1，进入"[1]输入"。

输入学生的人数，并输入每个学生的学号、姓名、性别、年龄、语文成绩、英语成绩、计算机成绩、数学成绩，如图 4-11 所示。输入完毕返回主菜单。

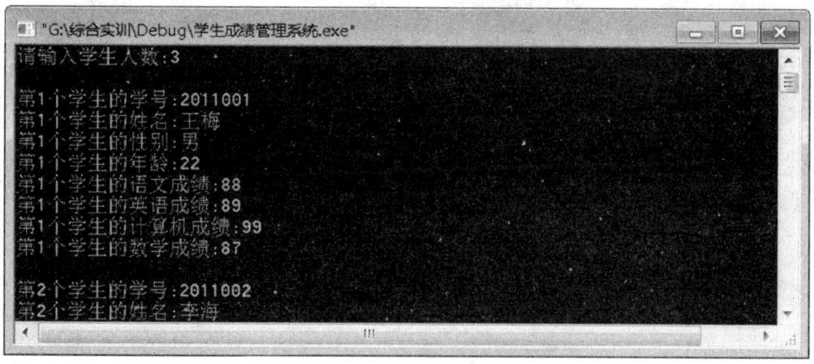

图 4-11　输入学生信息

（3）输入菜单号2，进入"[2]查找"。

可以根据学号和姓名进行查找，如根据输入学号查找，如图4-12所示，查找完毕后返回主菜单。

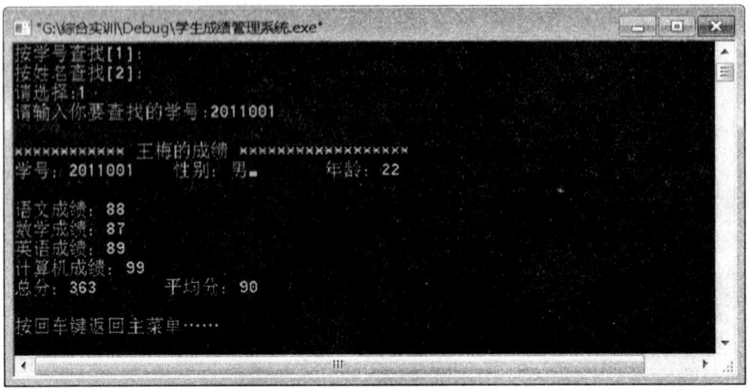

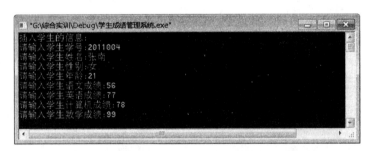

图4-12 查找学生信息

（4）输入菜单号3，进入"[3]插入"。

输入学生的学号、姓名、性别、年龄、语文成绩、英语成绩、计算机成绩、数学成绩，按Enter键后插入原数据末尾，如图4-13所示。

图4-13 插入学生信息

（5）输入菜单号4，进入"[4]删除"。

根据输入的学生学号进行删除学生信息，如删除学号是2011002的学生信息，如图4-14所示。

图4-14 删除学生信息

（6）输入菜单号 5，进入"[5]输出"。

输出所有学生的成绩信息，如图 4-15 所示。

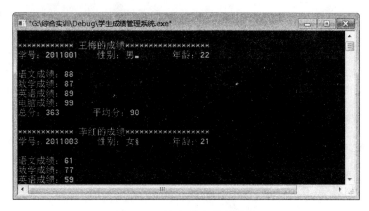

图 4-15　输出所有学生信息

（7）输入菜单号 6，进入"[6]排序"。

根据学生的平均成绩进行由小到大排序，结果通过菜单号 5 查看，如图 4-16 所示。

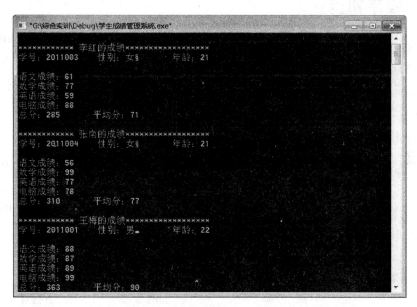

图 4-16　排序后所有学生信息

（8）输入菜单号 7，进入"[7]退出"，退出学生成绩管理系统。

第 5 章

C 语言习题

本章知识和技能目标

- 掌握 C 语言知识点试题的解答。
- 通过试题的练习,掌握 C 语言的基础理论知识。

5.1 C 程序初步认识

一、选择题

1. 能将高级语言编写的源程序转换为目标程序的软件是( )。

    A. 汇编程序   B. 编辑程序   C. 解释程序   D. 编译程序

2. 在一个 C 程序中,( )。

    A. main 函数必须出现在所有函数之前

    B. main 函数可以在任何地方出现

    C. main 函数必须出现在所有函数之后

    D. main 函数必须出现在固定位置

3. C 语言中用于结构化程序设计的 3 种基本结构是( )。

    A. 顺序结构、选择结构、循环结构   B. if、switch、break

    C. for、while、do-while   D. if、for、continue

4. C 语言程序的基本单位是( )。

    A. 函数   B. 过程   C. 子例程   D. 子程序

二、填空题

1. C 语言程序总是从_____函数开始执行。

2. C 语言是一种面向_____的程序设计语言,其程序的基本单位是_____。

3. C 语言中的函数由_____、_____两部分组成。

4. 结构化程序设计中所规定的 3 种基本控制结构是_____、_____和_____。

5.2 数据类型、运算符和表达式

一、选择题

1. 下列关于 C 语言用户标识符的叙述中,正确的是(　　)。

    A. 用户标识符中可以出现下划线和中划线(减号)

    B. 用户标识符中不可以出现中划线,但可以出现下划线

    C. 用户标识符中可以出现下划线,但不可以放在用户标识符的开头

    D. 用户标识符中可以出现下划线和数字,它们都可以放在用户标识符的开头

2. C 语言中基本数据类型有(　　)。

    A. 整型、实型、逻辑型　　　　　　　　B. 整型、字符型、逻辑型

    C. 整型、实型、字符型　　　　　　　　D. 整型、实型、字符型、逻辑型

3. 在计算机中,一个字节所包含二进制位的个数是(　　)。

    A. 2　　　　　　　B. 4　　　　　　　C. 8　　　　　　　D. 16

4. 用 8 位无符号二进制数能表示的最大十进制数为(　　)。

    A. 127　　　　　B. 128　　　　　C. 255　　　　　D. 256

5. 在计算机系统中,存储一个汉字的国标码所需要的字节数为(　　)。

    A. 1　　　　　　　B. 2　　　　　　　C. 3　　　　　　　D. 4

6. 在 C 语言中,char 型数据在内存中的存储形式是(　　)。

    A. 原码　　　　　B. 补码　　　　　C. 反码　　　　　D. ASCII 码

7. 十六进制数 100 转换为十进制数为(　　)。

    A. 256　　　　　B. 512　　　　　C. 1024　　　　　D. 64

8. 十六进制数 7A 转化成八进制数是(　　)。

    A. 123　　　　　B. 122　　　　　C. 173　　　　　D. 172

9. 十进制数 32 转化成十六进制数是(　　)。

    A. 20　　　　　　B. FF　　　　　　C. 10　　　　　　D. 21

10. 与十进制数 511 等值的十六进制数为(　　)。

    A. 1FF　　　　　B. 2FF　　　　　C. 1FE　　　　　D. 2FE

11. 以下选项中可作为 C 语言合法整数的是(　　)。

    A. 10110B　　　B. 0386　　　　C. 0Xffa　　　　D. x2a2

12. 以下选项中合法的实型常数是(　　)。

    A. 5E2.0　　　　B. E−3　　　　C. .2E0　　　　D. 1.3E

13. 依据 C 语言的语法规则,下列(　　)是用户定义的合法标识符。

    A. int　　　　　B. INT　　　　　C. jin#2　　　　D. 8f

14. 依据 C 语言的语法规则,下列合法标识符是(　　)。

    A. Else　　　　　B. else　　　　　C. user$2　　　　D. 5_examp

15. 以下不正确的字符常量是(　　)。

    A. '8'　　　　　　B. '\xff '　　　　C. '\887'　　　　D. ' '

16. 以下不正确的字符常量是(　　　)。

　　A. '\0'　　　　　B. '\xgg '　　　　　C. '0'　　　　　　D. ' a'

17. 以下选项中不合法的八进制数是(　　　)。

　　A. 01　　　　　　B. 077　　　　　　C. 028　　　　　　D. 00

18. 下列运算符优先级最高的是(　　　)。

　　A. ·　　　　　　B. +　　　　　　　C. &&　　　　　　D. !=

19. 若有说明：char s1 = '\067', s2 = '1'；则变量 s1、s2 在内存中各占的字节数是(　　　)。

　　A. 1　1　　　　　B. 4　1　　　　　C. 3　1　　　　　D. 1　2

20. 以下不能定义为用户标识符的是(　　　)。

　　A. scanf　　　　B. Void　　　　　C. _3com_　　　　D. inte

21. 在C语言中,可以作为用户标识符的一组标识符是(　　　)。

　　A. void　define　WORD　　　　　B. as_b3　_224　Else

　　C. Switch　-wer　case　　　　　D. 4b　DO　SIG

22. 若有：int x=1,n=5；则执行语句 x%=(n%2)后,x 的值为(　　　)。

　　A. 3　　　　　　B. 2　　　　　　　C. 1　　　　　　　D. 0

23. 设所有变量均为整型,则表达式(a=2,b=5,a++,b++,a+b)的值是(　　　)。

　　A. 10　　　　　　B. 9　　　　　　　C. 8　　　　　　　D. 7

24. 已知：char a='a'; int b=0; float c=-1.2; double d=0；执行语句：c=a+b+c+d；后,变量 c 的类型是(　　　)。

　　A. char　　　　　B. int　　　　　　C. double　　　　D. float

25. 表示 x≤0 或 x≥1 的正确的表达式是(　　　)。

　　A. x>=1||x<=0　　　　　　　　　B. x>1||x<=0

　　C. x>=1 or x<=0　　　　　　　　D. x>=1 || x<0

26. 对于 int x=12, y=8;　printf ("%d%d%d", !x, x||y, x&&y)；输出的结果是(　　　)。

　　A. 0 1 1　　　　B. 0 1 0　　　　　C. 0 0 0　　　　　D. 1 1 1

27. 设有 int x=11;则表达式(x++ * 1/3)的值是(　　　)。

　　A. 3　　　　　　B. 4　　　　　　　C. 11　　　　　　D. 12

28. 以下非法的赋值语句是(　　　)。

　　A. n=(i=2,++i);　　　　　　　　B. j++;

　　C. ++(i+1);　　　　　　　　　　D. x=j>0;

29. 已定义 c 为字符型变量,则下列语句中正确的是(　　　)。

　　A. c='97';　　　B. c="97";　　　　C. c="a";　　　　D. c=97;

30. 执行 int j,i=1;j=-i++;后,j 的值是(　　　)。

　　A. -1　　　　　　B. -2　　　　　　C. 1　　　　　　　D. 2

31. 以下选项中非法的表达式是(　　　)。

　　A. (a+2)++　　　B. i=j==0　　　　C. (char)(65+3)　　D. x+1=x+1

32. 已知小写字母的 ASCII 码为 97,对于 int a=99,b='b'; printf("%c,%d",a,b); 的结果是( )。

    A. 99,b   B. c,98   C. 99,98   D. c,b

33. 以下选项中非法的表达式是( )。

    A. 0<=x<100   B. i=j==0

    C. (char)(65+3)   D. x+1=x+1

34. 下列错误的表达式是( )。

    A. −x++   B. (−x)++   C. x+++y   D. ++x+y

35. 对于 int x=12,y=8; printf("%d%d%d",!x,x||y,x&&y); 输出的结果是( )。

    A. 0 1 1   B. 0 1 0   C. 0 0 0   D. 1 1 1

36. 设 a、b、c 均为 int 型变量,且 a=3,b=4,c=5,则下面的表达式中,值为 0 的表达式是( )。

    A. 'a' && 'b'   B. 0||1

    C. a||b+c && b−c   D. !((a<b)&&!c||1)

37. 若有定义：int a=8,b=5,C;,执行语句 C=a/b+0.4;后,C 的值是( )。

    A. 1.4   B. 1   C. 2.0   D. 2

38. 以下选项中,与 k=n++ 完全等价的表达式是( )。

    A. k=n,n=n+1   B. n=n+1,k=n

    C. k=++n   D. k+=n+1

39. 设 a=3,b=4,c=5,则逻辑表达式：a || b+c && b==c 的值是( )。

    A. 1   B. 0   C. 非 0   D. 语法错

40. 若 x 为 int 型变量,则逗号表达式(x=4*5,x*5),x+25 的结果是( )。

    A. 20   B. 45   C. 100   D. 表达式不合法

41. 若有语句 int i=−19,j=i%4;printf("%d\n", j);则输出结果是( )。

    A. 3   B. −3   C. 4.75   D. 0

42. 设变量 x 为 float 型且已赋值,则以下语句中能将 x 中的数值保留到小数点后两位,并将第三位四舍五入的是( )。

    A. x=x*100+0.5/100.0;   B. x=(x*100+0.5)/100.0;

    C. x=(int)(x*100+0.5)/100.0;   D. x=(x/100+0.5)*100.0;

43. 已知小写字母的 ASCII 码为 97,对于 int a=99,b='b'; printf("%c,%d",a,b); 的结果是( )。

    A. 99,b   B. c,98   C. 99,98   D. c,b

44. 若有语句 int i=−19,j=i%4;printf("%d\n",j);,则输出结果是( )。

    A. 3   B. −3   C. 4.75   D. 0

45. 语句 printf("%d",(a=2)&&(b=−2)); 的输出结果为( )。

    A. 无输出   B. 结果不确定   C. 1   D. 2

46. 有定义语句 int x,y;,若要通过 scanf("%d,%d",&x,&y);语句使变量 x 得到数值 11,变量 y 得到数值 12,下面 4 组输入形式中,错误的是( )。

A. 11 12<回车>　　　　　　　　B. 11，12<回车>

C. 11,12<回车>　　　　　　　　D. 11,<回车>12<回车>

47. 设 a=3,b=4,c=5,则逻辑表达式 a||b+c && b==c 的值是(　　)。

　　A. 1　　　　　　B. 0　　　　　　C. 非 0　　　　　　D. 语法错

48. 已知 char ch='A';且表达式 ch=(ch>='A' && ch<='Z') ? (ch+32): ch 的值是(　　)。

　　A. A　　　　　　B. a　　　　　　C. Z　　　　　　D. 出错

49. 以下程序段:

```
int x=2005, y=2006;
printf("% d\n",(x,y));
```

则以下叙述中正确的是(　　)。

　　A. 输出语句中格式说明符的个数少于输出项的个数,不能正确输出

　　B. 运行时产生出错信息

　　C. 输出值为 2005

　　D. 输出值为 2006

50. 设有以下程序段:

```
int x=2, y=3;
printf("% d\n",(x,y));
```

则以下叙述中正确的是(　　)。

　　A. 输出语句中格式说明符的个数少于输出项的个数,不能正确输出

　　B. 运行时产生出错信息

　　C. 输出值为 2

　　D. 输出值为 3

二、填空题

1. C 语言中,逻辑"真"用_____表示;逻辑"假"用_____表示。

2. 在 C 语言中,整数可用_____进制、_____进制和_____进制 3 种数制表示。

3. 十进制数 52 转化成八进制数是_____。

4. 十六进制数 7A 转化成八进制数是_____。

5. 十进制数 47 转化成八进制数是_____。

6. 在 C 语言中,'\101'是一种特殊的字符常量,它称为_____,其表示的字符为_____。

7. 在 C 语言程序中,整型数据可用十进制、_____进制和_____进制 3 种数制表示。070 是一个合法的_____整型数。

8. 字符串"ab\034\\\x79"的长度为_____。

9. 十六进制数 7A 转化成八进制数是_____。

10. 语句 printf("%d",(a=-10)&&(b=0));的输出结果为_____。

11. 若 $w=1,x=2,y=3,z=4$,则条件表达式 $w<x? w:y<z? y:z$ 的结果为_____。

12. 设 a、b、c 均为 int 型变量,且 $a=3,b=4,c=5$,则表达式:$'a'||b+c$ && $b-c$ 的值是_____。

13. 在 C 语言中,"a"表示_____常量;'a'表示_____常量。

14. 表达式 $'a'-0x20-'A'$ 的值是_____。

15. 若有说明语句 int $i=-3,j$;则执行语句 $j=(++i)+(i++)$;后 j 的值是_____。

16. 已知 int j,$i=2$;执行语句 $j=-i++$;后,j 的值是_____。

17. 设 int $i=1$;char $c='1'$;则条件表达式 $c==1$ 的值是_____。

18. 语句 printf("%d",$(a=2)$&&$(b=-2)$);的输出结果为_____。

19. 有 char $c='A'$; printf("%d\n",$c+1$);则输出的结果为_____。

20. 有 int $x=-3$;则执行语句:$x+=x-=x*x$;后 x 的值为_____。

21. 语句 printf("%%%%\n");的输出为_____。

22. 若有说明 char $s1='\xff'$, $s2='f'$;则变量 s1、s2 在内存中所占的字节数均为_____。

23. 在 C 语言中,char 型数据在内存中是以_____形式存储,其存储的字节数是_____。

24. 设 x、y、z 均为 int 型变量,写出描述"x 或 y 中至少有一个小于 z"的表达式是_____。

5.3 程序结构

一、选择题

1. 对于循环 for ($k=16$; $k>0$; $k-=3$) putchar('*');　输出是(　　)。

　　A. ***** 　　　B. ****** 　　　C. ******* 　　　D. 无限循环

2. 若有以下程序段,其中 s、a、b、c 均已定义为整型变量,且 a、c 均已赋值($c>0$)$s=a$;for($b=1$;$b<=c$;$b++$) $s=s+1$;,则与上述程序段功能等价的赋值语句是(　　)。

　　A. $s=a+b$; 　　B. $s=a+c$; 　　C. $s=s+c$; 　　D. $s=b+c$;

3. 设有 int i ,x;则循环语句 for($i=0,x=0$;$i<=9$&&$x!=876$;$i++$) scanf("%d",&x);(　　)。

　　A. 最多执行 10 次 　　　　　　　　B. 最多执行 9 次

　　C. 是无限循环 　　　　　　　　　　D. 循环体一次也不执行

二、读程序,写出程序执行结果

```
1. void main()
   { int a=5, b=8;
     printf("a=%d  b=%d\n", a,b);
     a=a+b;  b=a-b;  a=a-b;
```

```
        printf("a=%d  b=%d\n", a,b);
    }
```

运行结果：

```
┌─────────────────────────────────────────────────────────────┐
│                                                               │
│                                                               │
│                                                               │
│                                                               │
└─────────────────────────────────────────────────────────────┘
```

2. ```c
void main()
{ int x,y=1;
    printf("%c\n", x=99);
    printf("%d\n", (x++, ++y , x+y));
}
```

运行结果：

```
┌─────────────────────────────────────────────────────────────┐
│                                                               │
│                                                               │
│                                                               │
│                                                               │
└─────────────────────────────────────────────────────────────┘
```

3. ```c
void main()
{ int p=30;
    printf("%d\n",(p/3>0 ? p/10 : p%3));
}
```

运行结果：

```
┌─────────────────────────────────────────────────────────────┐
│                                                               │
│                                                               │
│                                                               │
│                                                               │
└─────────────────────────────────────────────────────────────┘
```

4. ```c
void main()
{ int x,y=0;
    printf("%c\n", x=99);
    printf("%d\n", (x++, ++y , x+y));
}
```

运行结果：

```
┌─────────────────────────────────────────────────────────────┐
│                                                               │
│                                                               │
│                                                               │
│                                                               │
└─────────────────────────────────────────────────────────────┘
```

5. ```c
void main()
{ int x=-9, y;
    if(x>0) y=10;
    else if(x==0) y=0;
    else if(x<-5) y=-3;
    else y=-2;
```

```
        printf("%d\n",y);
    }
```

运行结果：

```
┌─────────────────────────────────────────────────────────┐
│                                                         │
│                                                         │
│                                                         │
└─────────────────────────────────────────────────────────┘
```

6. void main()
   ```
   {  int a, b, c,x;
      a=b=c=1;
      x=3;
      if ( !a) x--;
      else if (b)
      if (c) x=3;
      else x=4;
      printf("%d\n", x);
   }
   ```

运行结果：

```
┌─────────────────────────────────────────────────────────┐
│                                                         │
│                                                         │
│                                                         │
└─────────────────────────────────────────────────────────┘
```

7. void main()
   ```
   {  int  a=12, b=5, c=-3;
      if(a>b)
      if(b<0) c=0;
      else c++;
      printf("%d\n",c);
   }
   ```

运行结果：

```
┌─────────────────────────────────────────────────────────┐
│                                                         │
│                                                         │
│                                                         │
└─────────────────────────────────────────────────────────┘
```

8. void main()
   ```
   {  int x=100,a=20,b=10;
      int v1=5;
      if(a<b)
      if(b!=15)
          if(!v1)
            x=1;
          else
            x=10;
      x=-1;
   ```

```
        printf("%d",x);
    }
```

运行结果：

```
```

9. void main()
```
    { int a=4,b=3,c=5,t=0;
      if (a<b) t=a; a=b; b=t;
      if (a<c) t=a; a=c; c=t;
      printf("%d %d %d\n", a,b,c);
    }
```

运行结果：

```
```

10. void main()
```
    { int i=2;
      switch(i)
      { case 1: printf("%d",i++);
              break;
        case 2: printf("%d",i++);
        case 3: printf("%d",i++);
              break;
        case 4: printf("%d",i++);
      }
    }
```

运行结果：

```
```

11. void main()
```
    { int s='3';
      switch(s-'2')
      { case 0;
        case 1: putchar(s+4);
        case 2: putchar(s+4); break;
        case 3: putchar(s+3);
        default: putchar(s+2);
      }
    }
```

运行结果：

```
┌─────────────────────────────────────────────────────┐
│                                                       │
│                                                       │
│                                                       │
└─────────────────────────────────────────────────────┘
```

12. ```c
    void main()
    {  int x=2;
       switch(1+x)
       {  case 0;
          case 1: printf("apple"); break;
          case 2: printf("hello"); break;
          case 3: printf("world");
          default: printf("thank you");
       }
    }
    ```

运行结果：

```
┌─────────────────────────────────────────────────────┐
│                                                       │
│                                                       │
│                                                       │
└─────────────────────────────────────────────────────┘
```

13. ```c
    void main()
    {  int  n=4;
       while(n--) printf("%2d",--n);
    }
    ```

运行结果：

```
┌─────────────────────────────────────────────────────┐
│                                                       │
│                                                       │
│                                                       │
└─────────────────────────────────────────────────────┘
```

14. ```c
    void main()
    {  int i;
       for (i=0; i<3; i++)
       switch ( i )
       {  case 1: printf("%d ", i);
          case 2: printf("%d ", i);
          default : printf("%d ", i);
       }
    }
    ```

运行结果：

```
┌─────────────────────────────────────────────────────┐
│                                                       │
│                                                       │
│                                                       │
└─────────────────────────────────────────────────────┘
```
```

15.
```c
void main()
{ int i,m=0,n=0,k=0;
  for(i=9; i<=11;i++)
  switch(i/10)
  { case 0: m++; n++; break;
    case 10: n++;  break;
    default: k++; n++;
  }
  printf("%d %d %d\n",m,n,k);
}
```

运行结果：

16.
```c
void main()
{ int i,j;
  for(i=5; i>1; i--)
  { for(j=0;j<11-2*i;j++)putchar(' ');
    for(j=0;j<2*i-1;j++) putchar('9');
  }
}
```

运行结果：

17.
```c
void main()
{ int a;
  for(a=1;a<6;a++)
  { if(a%2)
        printf("%");
    else
        continue;
    printf("@ ");
  }
}
```

运行结果：

18.
```c
void main()
{ int x=2,y=3;
```

```
    int j;
    for(j=1; y>0; y--)   j=j * x;
    printf("j=%d\n",j);
}
```

运行结果：

```

```

19. `void main()`
```
{  int  n=-5;
   while(++n)
   printf("%2d", ++n);
}
```

运行结果：

```

```

20. `void main()`
```
{  int x=15;
   while(x>10 && x<50)
   {  x++;
      if(x/3){x++;break;}
      else continue;
   }
   printf("%d\n",x);
}
```

运行结果：

```

```

21. `void main()`
```
{  int x,y;
   for(x=1,y=1; y<=50; y++)
   {  if(x>=10) break;
       if(x%2==1) {x+=5; continue; }
   x-=3;
   }
   printf("%d  %d\n",x,y);
}
```

运行结果：

```
┌─────────────────────────────────────────────┐
│                                             │
│                                             │
│                                             │
└─────────────────────────────────────────────┘
```

22. void main()
```
{  int k=4,n=0;
   for(; n<k;)
   {  n++;
      if(n%3!=0) continue;
      k--;
   }
   printf("%d,%d\n",k,n);
}
```

运行结果：

```
┌─────────────────────────────────────────────┐
│                                             │
│                                             │
│                                             │
└─────────────────────────────────────────────┘
```

23. void main()
```
{  int i=1;
   while (i<10)
       if(++i%5!=3) continue;
       else printf("%d ",i);
}
```

运行结果：

```
┌─────────────────────────────────────────────┐
│                                             │
│                                             │
│                                             │
└─────────────────────────────────────────────┘
```

24. void main()
```
{  int k=0,m=0;
   int i,j;
   for(i=0;i<2;i++)
   {  for(j=0;j<3;j++)
      k++;
      k-=j;
   }
   m=i+j;
   printf("k=%d, m=%d",k,m);
}
```

运行结果：

25.
```
void main()
{ int  t, n=15;
  t=0;
  do {
      t+=n;
      n-=2;
  } while (n>0);
  printf("%d\n", t);
}
```

运行结果：

5.4 数组

一、选择题

1. 以下关于数组的描述，正确的是(　　　)。
   A. 数组的大小是固定的，但可以有不同类型的数组元素
   B. 数组的大小是可变的，但所有数组元素的类型必须相同
   C. 数组的大小是固定的，所有数组元素的类型必须相同
   D. 数组的大小是可变的，可以有不同类型的数组元素

2. 以下对一维整型数组 a 的正确说明是(　　　)。
   A. int a(10);
   B. int n=10,a[n];
   C. int n;
      scanf("%d",&n);
      int a[n];
   D. #define SIZE 10
      int a[SIZE];

3. 在 C 语言中，引用数组元素时，其数组下标的数据类型允许是(　　　)。
   A. 整型常量
   B. 整型表达式
   C. 整型常量或整型表达式
   D. 任何类型的表达式

4. 以下对一维数组 m 进行正确初始化的是(　　　)。
   A. int m[10]=(0,0,0,0);
   B. int m[10]={ };
   C. int m[ ]={0};
   D. int m[10]={10*2};

5. 若有定义 int bb[8];,则以下表达式中不能代表数组元 bb[1] 的地址的是(   )。

    A. &bb[0]+1   B. &bb[1]   C. &bb[0]++   D. bb+1

6. 假定 int 类型变量占用两个字节,其有定义 int x[10]={0,2,4};,则数组 x 在内存中所占字节数是(   )。

    A. 3   B. 6   C. 10   D. 20

7. 若有以下说明:

```
int a[12]={1,2,3,4,5,6,7,8,9,10,11,12};
char c=a',d,g;
```

则数值为 4 的表达式是(   )。

    A. a[g-c]   B. a[4]   C. a['d'-'c']   D. a['d'-c]

8. 以下程序段给数组所有的元素输入数据,请选择正确答案填入(   )。

```
#include<stdio.h>
void main()
{
  int a[10],i=0;
  while(i<10) scanf("%d",_____);
}
```

    A. a+(i++)   B. &a[i+1]   C. a+i   D. &a[++i]

9. 执行下面的程序段后,变量 k 中的值为(   )。

```
int  k=3, s[2];
s[0]=k;  k=s[1]*10;
```

    A. 不定值   B. 33   C. 30   D. 10

10. 以下程序的输出结果是(   )。

```
void main()
{
  int i, a[10];
  for(i=9;i>=0;i--)  a[i]=10-i;
  printf("%d%d%d",a[2],a[5],a[8]);
}
```

    A. 258   B. 741   C. 852   D. 369

11. 以下程序运行后,输出结果是(   )。

```
void main()
{
  int n[5]={0,0,0},i,k=2;
  for(i=0;i<k;i++)  n[i]=n[i]+1;
  printf("%d\n",n[k]);
}
```

    A. 不确定的值   B. 2   C. 1   D. 0

12. 以下程序运行后,输出结果是( )。

```c
void main()
{
  int y=18,i=0,j,a[8];
  do
  { a[i]=y%2; i++;
    y=y/2;
  } while(y>=1);
  for(j=i-1;j>=0;j--) printf("%d",a[j]);
  printf("\n");
}
```

A. 10000   B. 10010   C. 00110   D. 10100

13. 以下程序运行后,输出结果是( )。

```c
void main()
{
  int a[10], a1[ ]={1,3,6,9,10}, a2[ ]={2,4,7,8,15},i=0,j=0,k;
  for(k=0;k<4;k++)
  if(a1[i]<a2[j])
      a[k]=a1[i++];
  else
      a[k]=a2[j++];
  for(k=0;k<4;k++)
      printf("%d",a[k]);
}
```

A. 1234   B. 1324   C. 2413   D. 4321

14. 以下程序运行后,输出结果是( )。

```c
void main()
{
    int i,k,a[10],p[3];
    k=5;
    for (i=0;i<10;i++)  a[i]=i;
    for (i=0;i<3;i++)   p[i]=a[i*(i+1)];
    for (i=0;i<3;i++)   k+=p[i]*2;
    printf("%d\n",k);
}
```

A. 20   B. 21   C. 22   D. 23

15. 以下程序运行后,输出结果是( )。

```c
void main( )
{
  int n[3],i,j,k;
  for(i=0;i<3;i++)
      n[i]=0;
  k=2;
  for (i=0;i<k;i++)
```

```
        for (j=0;j<k;j++)
                n[j]=n[i]+1;
    printf("%d\n",n[1]);
}
```

  A. 2   B. 1   C. 0   D. 3

16. 下列程序的主要功能是输入 10 个整数存入数组 a,再输入一个整数 x,在数组 a 中查找 x。找到则输出 x 在 10 个整数中的序号(从 1 开始);找不到则输出 0。程序缺少的是( )。

```
void main()
{
    int  i,a[10],x,flag=0;
    for(i=0;i<10;i++)
        scanf("%d",&a[i]);
    scanf("%d",&x);
    for(i=0;i<10;i++)  if _____  {flag=i+1;  break;}
        printf("%d\n", flag);
}
```

  A. x!=a[i]   B. !(x−a[i])   C. x−a[i]   D. !x−a[i]

17. 若说明 int a[2][3];,则对 a 数组元素的正确引用是( )。
  A. a(1,2)   B. a[1,3]   C. a[1>2][!1]   D. a[2][0]

18. 若有定义 int b[3][4]={0};,则下述正确的是( )。
  A. 此定义语句不正确
  B. 没有元素可得初值 0
  C. 数组 b 中各元素均为 0
  D. 数组 b 中各元素可得初值但值不一定为 0

19. 若有以下数组定义,其中不正确的是( )。
  A. int a[2][3];
  B. int b[][3]={0,1,2,3};
  C. int c[100][100]={0};
  D. int d[3][]={{1,2},{1,2,3},{1,2,3,4}};

20. 若有以下的定义 int t[5][4];,能正确引用 t 数组的表达式是( )。
  A. t[2][4]   B. t[5][0]   C. t[0][0]   D. t[0,0]

21. 在定义 int m[ ][3]={1,2,3,4,5,6};后,m[1][0]的值是( )。
  A. 4   B. 1   C. 2   D. 5

22. 在定义 int n[5][6]后第 10 个元素是( )。
  A. n[2][5]   B. n[2][4]   C. n[1][3]   D. n[1][4]

23. 若二维数组 c 有 m 列,则计算任一元素 c[i][j]在数组中位置的公式为( )。
(假设 c[0][0]位于数组的第一个位置)
  A. i∗m+j   B. j∗m+i   C. i∗m+j−1   D. i∗m+j+1

24. 若有以下定义语句,则表达式"x[1][1] * x[2][2]"的值是(   )。

```
float  x[3][3]={{1.0,2.0,3.0},{4.0,5.0,6.0}};
```

   A. 0.0   B. 4.0   C. 5.0   D. 6.0

25. 以下程序运行后,输出结果是(   )。

```
void main()
{
  int a[4][4]={{1,3,5},{2,4,6},{3,5,7}};
  printf("%d%d%d%d\n",a[0][3],a[1][2],a[2][1],a[3][0]);
}
```

   A. 0650   B. 1470   C. 5430   D. 输出值不确定

26. 以下程序运行后,输出结果是(   )。

```
void main()
{
  int aa[4][4]={{1,2,3,4},{5,6,7,8},{3,9,10,2},{4,2,9,6}};
  int i,s=0;
  for(i=0;i<4;i++)  s+=aa[i][1];
  printf("%d\n",s);
}
```

   A. 11   B. 19   C. 13   D. 20

27. 有以下程序:

```
void main()
{
  int a[3][3]={{1,2},{3,4},{5,6}},i,j,s=0;
  for(i=1;i<3;i++)
    for(j=0;j<=i;j++)  s+=a[i][j];
  printf("%d\n",s);
}
```

该程序的输出结果是(   )。

   A. 18   B. 19   C. 20   D. 21

28. 若定义以下变量和数组:

```
int i;
int x[3][3]={1,2,3,4,5,6,7,8,9};
```

则下面语句的输出结果是(   )。

```
for(i=0;i<3;i++) printf("%d",x[i][2-i]);
```

   A. 1 5 9   B. 1 4 7   C. 3 5 7   D. 3 6 9

29. 下述对 C 语言字符数组的描述中错误的是(   )。

   A. 字符数组可以存放字符串

   B. 字符数组中的字符串可以整体输入、输出

C. 可以在赋值语句中通过赋值运算符"="对字符数组整体赋值

D. 不可以用关系运算符对字符数组中的字符串进行比较

30. 下述对 C 语言字符数组的描述中,正确的是(　　)。

　　A. 任何一维数组的名称都是该数组存储单元的开始地址,且其每个元素按照顺序连续占存储空间

　　B. 一维数组的元素在引用时其下标大小没有限制

　　C. 任何一个一维数组的元素,可以根据内存的情况按照其先后顺序以连续或非连续的方式占用存储空间

　　D. 一维数组的第一个元素是其下标为 1 的元素

31. 不能把字符串:Hello! 赋给数组 b 的语句是(　　)。

　　A. char str[10]={'H', 'e', 'l', 'l', 'o', '! '};

　　B. char str[10];str="Hello!";

　　C. char str[10];strcpy(str,"Hello!");

　　D. char str[10]="Hello!";

32. 合法的数组定义是(　　)。

　　A. int a[]="string";　　　　　　　　B. int a[5]={0,1,2,3,4,5};

　　C. int s="string";　　　　　　　　　D. char a[]={0,1,2,3,4,5};

33. 下列语句中,不正确的是(　　)。

　　A. static char a[2]={1,2};　　　　　B. static char a[2]={ '1', '2'};

　　C. static char a[2]={ '1', '2', '3'};　　D. static char a[2]={ '1'};

34. 若给出以下定义:

```
char x[ ]="abcdefg";
char y[ ]={'a','b','c','d','e','f','g'};
```

则正确的叙述为(　　)。

　　A. 数组 x 和数组 y 等价　　　　　　B. 数组 x 和数组 y 的长度相同

　　C. 数组 x 的长度大于数组 y 的长度　　D. 数组 x 的长度小于数组 y 的长度

35. 若有数组定义:char array [ ]="China";则数组 array 所占的空间为(　　)个字节。

　　A. 4　　　　　　　B. 5　　　　　　　C. 6　　　　　　　D. 7

36. 若有定义和语句:

```
char s[10];s="abcd";printf("%s\n",s);
```

则结果是(以下＿代表空格)(　　)。

　　A. 输出 abcd　　　　　　　　　　　B. 输出 a

　　C. 输出 abcd＿＿＿＿＿＿　　　　　　D. 编译不通过

37. 下面程序运行后,输出结果是(　　)。

```
void main()
{
```

```
    char ch[7]={ "65ab21"};
    int i,s=0;
    for(i=0;ch[i]>='0'&&ch[i]<='9';i+=2)
    s=10 * s+ch[i]-'0';
    printf("%d\n",s);
}
```

    A. 12ba56   B. 6521   C. 6   D. 62

38. 运行下面的程序,如果从键盘上输入:123<空格>456<空格>789<回车>,输出结果是( )。

    A. 123,456,789   B. 1,456,789

    C. 1,23,456,789   D. 1,23,456

```
void main()
{
    char s[100];  int  c, i;
    scanf("%c",&c);  scanf("%d",&i);  scanf("%s",s);
    printf("%c,%d,%s\n",c,i,s);
}
```

39. 运行下面的程序,如果从键盘上输入:

    ab<回车>
    c<回车>
    def<回车>

则输出结果为( )。

    A. a   B. a   C. ab   D. abcdef
      b   b   c
      c   c   d
      d   d
      e
      f

```
#include<stdio.h>
#define N 6
void main()
{
    char c[N];
    int i=0;
    for(;i<N;c[i]=getchar(),i++);
    for( i=0;i<N;i++)  putchar(c[i]);
    printf("\n");
}
```

40. 运行下面的程序,如果从键盘上输入:ABC 时,输出结果是( )。

```
#include<string.h>
void main()
{
```

```
    char ss[10]="12345";
    strcat(ss, "6789");
    gets(ss);printf("%s\n",ss);
}
```

    A. ABC   B. ABC9   C. 123456ABC   D. ABC456789

41. 判断两个字符串是否相等,正确的表达方式是(　　)。

    A. while(s1==s2)   B. while(s1=s2)

    C. while(strcmp(s1,s2)==0)   D. while(strcmp(s1,s2)=0)

42. 以下程序的输出结果是(　　)。

```
void main()
{
    char str[12]={'s','t','r','i','n','g'};
    printf("%d\n",strlen(str));
}
```

    A. 6   B. 7   C. 11   D. 12

43. 若有以下程序片段:

```
char str[]="ab\n\012\\"";
printf("%d",strlen(str));
```

上面程序片段的输出结果是(　　)。

    A. 3   B. 4   C. 6   D. 12

44. 若有以下程序段,输出结果是(　　)。

```
char s[]="\\141\141abc\t";
printf ("%d\n",strlen(s));
```

    A. 9   B. 12   C. 13   D. 14

45. 设有 static char str[]="Beijing";
则执行 printf("%d\n", strlen(strcpy(str,"China")));
后的输出结果为(　　)。

    A. 5   B. 7   C. 12   D. 14

46. 以下程序运行后,输出结果是(　　)。

```
void main()
{
    char cf[3][5]={"AAAA","BBB","CC"};
    printf("\"%s\"\n",ch[1]);
}
```

    A. "AAAA"   B. "BBB"   C. "BBBCC"   D. "CC"

47. 以下程序运行后,输出结果是(　　)。

```
#include <stdio.h>
#include<string.h>
void main()
```

```
{
    char w[ ][10]={"ABCD","EFGH","IJKL","MNOP"},k;
    for (k=1;k<3;k++)
    printf("%s\n",&w[k][k]);
}
```

A. ABCD
　　FGH
　　KL
　　M

B. ABCD
　　EFG
　　IJ

C. EFG
　　JK
　　O

D. FGH
　　KL

48. 以下程序运行后,输出结果是(　　)。

```
void main()
{
    char arr[2][4];
    strcpy(arr,"you");  strcpy(arr[1],"me");
    arr[0][3]='&';
    printf("%s \n",arr);
}
```

A. you&me　　　　B. you　　　　C. me　　　　D. err

49. 有语句 char s1[10],s2[10]={"books"};则能将字符串 books 赋给数组 s1 的正确语句是(　　)。

A. s1={"books"};　　　　　　　B. strcpy(s1,s2);

C. s1=s2;　　　　　　　　　　D. strcpy(s2,s1);

50. C语言标准函数 strcpy(s3,strcat(s1,s2)) 的功能是(　　)。

A. 将字符串 s1 复制到 s2 中,再连接到 s3 之后

B. 将字符串 s2 连接到 s1 之后,再将 s1 复制到 s3 中

C. 将字符串 s2 复制到 s1 中,再将 s1 连接到 s3 之后

D. 将字符串 s2 连接到 s1 之后,再将 s3 复制到 s1 中

二、 填空题

1. C语言中,数组元素的下标下限为_____。

2. C程序在执行过程中,不检查数组下标是否_____。

3. 在定义时对数组的每一个元素赋值叫数组的_____;C语言规定,只有_____存储类型和_____存储类型的数组才可定义时赋值。

4. 下面程序的运行结果是_____。

```
#define N 5
void main()
{
```

```
    int  a[N]={1,2,3,4,5},i,temp;
    for(i=0;i<N/2;i++)
    { temp=a[i];  a[i]=a[N-i-1]; a[N-i-1]=temp;}
      printf("\n");
    for(i=0;i<N;i++)  printf("%d  ", a[i]);
}
```

5. 以下程序以每一行输出 4 个数据的形式输出 a 数组。

```
#include<stdio.h>
void main()
{
  int  a[20],i;
  for(i-0;i<20;i++)  scanf("%d", ___【1】___ );
  for(i=0;i<20;i++)
  { if (___【2】___)  ___【3】___ ;
    printf("%3d",a[i]);
  }
    printf("\n");
}
```

6. 以下程序分别在 a 数组和 b 数组中放入 an+1 和 bn+1 个由小到大的有序数,程序把两个数组中的数按由小到大的顺序归并到 c 数组中。

```
#include<stdio.h>
void main()
{
  int a[10]={1,2,5,8,9,10}, an=5,b[10]={1,3,4,8,12,18},bn=5;
  int i,j,k,c[20],max=9999;
  a[an+1]=b[bn+1]=max;
  i=j=k=0;
  while((a[i]!=max)||(b[j]!=max))
  if(a[i]<b[j])  {c[k]=___【1】___ ;  k++;___【2】___ ;}
  else           {c[k]=___【3】___ ;  k++;___【4】___ ;}
  for(i=0;i<k;i++)  printf("%4d",c[i]); printf("\n");
}
```

7. 以下程序的功能是:从键盘上输入若干个学生的成绩,计算出平均成绩,并输出低于平均分的学生成绩,用输入负数结束输入。请填空。

```
main()
{
  float  x[1000],  sum=0.0, ave, a;
  int  n=0, i;
  printf("Enter mark: \n");scanf("%f",&a);
  while(a>=0.0&& n<1000)
  { sum+= ___【1】___ ;    x[n]= ___【2】___ ;
      n++;           scanf("%f",&a);
  }
```

```
    ave=    【3】   ;
    printf("Output: \n");
    printf("ave=%f\n",ave);
    for (i=0;i<n;i++)
        if (  【4】  )  printf ("%f\n",x[i]);
}
```

8. 以下程序把一个整数转换成二进制数,所得二进制数的每一位放在一维数组中,输出此二进制数。注意:二进制数的最低位在数组的第一个元素中。

```
#include<stdio.h>
void main()
{
  int b[16],x,k,r,i;
  printf("please input binary num to x");   scanf("%d",&x);
  printf("%d\n",x);
  k=-1;
  do
  { r=x%  【1】  ;
    b[++k]=r;
    x/=   【2】  ;
  }
  while(x>=1);
  for(i=k;  【3】  ;i--)
  printf("%d",b[i]);  printf("\n");
}
```

9. 输入 10 个整数,用选择法排序后按从小到大的次序输出。

```
#define N 10
void main()
{
  int  i,j,min,temp,a[N];
  for(i=0;i<N;i++)
    scanf("%d",  【1】  );
  printf("\n");
  for(i=0;  【2】  ;  i++)
  {  min=i;
     for(j=i;j<N;j++)
       if(a[min]>a[j])  【3】  ;
     temp=a[i];
     a[i]=a[min];
     a[min]=temp;
  }
  for (i=0;i<N;i++)
      printf("%5d",a[i]);
  printf("\n");
}
```

10. 当先后输入 1、3、4、12、23 时,屏幕上出现＿＿＿＿＿;再输入 12 时,屏幕上出现＿＿＿＿＿。

```
#include<stdio.h>
#define N 5
void main()
{
  int i,j,number,top,bott,min,loca,a[N],flag;
  char c;
  printf("please  input  5 numbers  a[i]>a[i-1]\n");
  scanf("%d",&a[0]);   i=1;
  while(i<N)
  {scanf("%d",&a[i]);   if(a[i]>=a[i-1])   i++;}  printf("\n");
    for(i=0;i<N;i++)    printf("%4d",a[1]);   printf("\n");
    flag=1;
    while(flag)
    {scanf("%d",&number);  loca=0; top=0;  bott=N-1;
      if ((number<a[0])||(number>a[N-1]))   loca=-1;
      while((loca==0)&&(top<=bott))
      {min=(bott+top)/2;
        if(number==a[min])
        {loca=min;printf("%d is the %dth  number\n",number,loca+1);}
        else if  (number<a[min])   bott=min-1;
        else top=min+1;
      }
      if (loca==0||loca==-1)   printf("%d  is not  in the list \n",number);
      c=getchar();
      if (c=='N'||c=='n')   flag=0;
    }
}
```

11. 以下程序运行结果是 ＿＿＿＿＿。

```
#include<stdio.h>
void main()
{
  int  a[3][3]={1,2,3,4,5,6,7,8,9},i,s1=0,s2=1;
  for(i=0;i<=2;i++)
  { s1=s1+a[i][i];
    s2=s2 * a[i][i];
  }
  printf("s1=%d,s2=%d",s1,s2);
}
```

12. 以下程序完成功能是:计算两个 3×4 阶矩阵相加,并打印出结果。请填空。

```
#include<stdio.h>
void main()
{
  int a[3][4]={{3,-2,1,2},{0,1,3,-2},{3,1,0,4}};
  int b[3][4]={{-2,3,0,-1},{1,0,-2,3},{-2,0,1,-3}};
```

```
    int i,j,c[3][4];
    for(i=0;i<3;i++)
    for(j=0;j<4;j++)
        _____;
    for(i=0;i<3;i++)
    { for(j=0;j<4;j++)
      printf("%d",c[i][j]);
      printf("\n");
    }
}
```

13. 以下程序的运行结果是_____。

```
void main()
{
    int i, j,a[3][3];
    for(i=0;i<3;i++)
    { for(j=0;j<3;j++)
      { if(i==3)  a[i][j]=a[i-1][a[i-1][j]]+1;
        else      a[i][j]=j;
        printf("%4d",a[i][j]);
      }
      printf("\t");
    }
}
```

14. 阅读下列程序：

```
#include<stdio.h>
void main()
{
    int i, j, row, column,m;
    static int array[3][3]={{100,200,300},{28,72,-30},{-850,2,6}};
    m=array[0][0];
    for (i=0; i<3; i++)
      for (j=0; j<3; j++)
        if (array[i][j]<m)
            { m=array[i][j]; row=i; column=j;}
            printf("%d,%d,%d\n",m,row,column);
}
```

上述程序的输出结果是 _____。

15. 若想通过以下输入语句使 a 中存放字符串 1234,b 中存放字符 5,则输入数据的形式应该是_____。

```
void main()
{  char  a[10],b;
    scanf("a=%s b=%c",a,&b);
}
```

16. 以下程序段的输出结果是_____。

```
void main()
{
  char  b[]="Hello,you";
  b[5]=0;
  printf("%s\n", b );
}
```

17. 若有以下程序段,若先后输入:

```
English ↙
Good ↙
```

则其运行结果是_____。

```
void main()
{
  char  c1[60],c2[3];
  int i=0,j=0;
  scanf("%s",c1);
  scanf("%s",c2);
  while(c1[i]!='\0')   i++;
  while(c2[j]!='\0')   c1[i++]=c2[j++];
  c1[i]='\0';
  printf("\n%s",c1);
}
```

18. 从键盘输入由 5 个字符组成的单词,判断此单词是不是 hello,并显示结果。请填空。

```
#include<stdio.h>
void main()
{
  static  char  str[ ]={'h','e','l','l','o'};
  char str1[5];
   【1】 ;
  for(i=0;i<5;i++)
   【2】 ;
  flag=0;
  for(i=0;i<5;i++)
    if  【3】   {flag=1;  break;}
  if(flag)   printf("this word is not hello");
  else       printf("this word is hello");
}
```

19. 以下程序的功能是:将字符数组 a 中下标值为偶数的元素从小到大排列,其他元素不变。请填空。

```
#include<stdio.h>
#include<string.h>
void main()
{
```

```
char a[]="clanguage",t;
int i, j, k;
k=strlen(a);
for(i=0; i<=k-2; i+=2)
  for(j=i+2; j<=k;  【1】  )
    if(  【2】  )
    { t=a[i]; a[i]=a[j]; a[j]=t; }
  puts(a);
printf("\n");
}
```

20. 输入 5 个字符串,将其中最小的打印出来。请填空。

```
void main()
{
  char  str[10],temp[10]; int i;
  __【1】__ ;
  for(i=0;i<4;i++)
  { gets(str);
    if (strcmp(temp,str)>0) __【2】__ ;
  }
    printf("\nThe first string is:%s\n",temp);
}
```

21. 以下程序用来对从键盘上输入的两个字符串进行比较,然后输出两个字符串中第一个不相同字符的 ASCII 码之差。例如,输入的两个字符串分别为 abcdef 和 abceef,则输出为 -1。请填空。

```
#include <stdio.h>
void main()
{
  char str1[100],str2[100],c;
  int i,s;
  printf("\n input string 1:\n");    gets(str1);
  printf("\n input string 2:\n");    gets(str2);
  i=0;
  while((strl[i]==str2[i]&&(str1[i]!= __【1】__ ))
      i++;
  s= __【2】__ ;
  printf("%d\n",s);
}
```

22. 设有下列程序:

```
#include<stdio.h>
#include<string.h>
void main()
{
  int i;
  char str[10], temp[10];
  gets(temp);
```

```
    for (i=0; i<4; i++)
    {  gets(str);
        if (strcmp(temp,str)<0) strcpy(temp,str);
    }
    printf("%s\n",temp);
}
```

上述程序运行后，如果从键盘上输入（在此<CR>代表回车符）：

```
C++<CR>
BASIC<CR>
QuickC<CR>
Ada<CR>
Pascal<CR>
```

则程序的输出结果是 _____。

23. 以下程序功能是：统计从终端输入的字符中每个大写字母的个数。用♯号作为输入结束标志，请填空。

```
#include <stdio.h>
#include <ctype.h>
void main()
{
  int num[26],i; char c;
  for(i=0; i<26; i++) num[i]=0;
      while( 【1】 !='#')                    /＊统计从终端输入的大写字母个数＊/
        if( isupper(c))   num[c-65]+=1;
  for(i=0; i<26; i++)                        /＊输出大写字母和该字母的个数＊/
          if(num[i]) printf("%c:%d\n",i 【2】 , num[i]);
}
```

24. 下面程序段完成功能是：输出两个字符串中对应字符相等的字符。请填空。

```
char x[ ]="language";
char y[ ]="llngga";
int i=0;
while (x[i]!= 【1】 &&y[i]!= 【2】 )
{ if (x[i]==y[i])  printf("%c",【3】);
    else i++;
}
```

25. 下面程序完成功能是：计算一个字符串中子串出现的次数。请填空。

```
#include<stdio.h>
void main()
{
  int i ,j, k,count;
  char str1[20],str2[20];
  printf("zhu chuan:");
  gets(str1);
  printf("zi chuan:");
```

```
    gets(str2);
    【1】 ;
    for(i=0;str1[i];i++)
      for(j=i,k=0;str1[j]==str2[k];j++,k++)
        if ( 【2】 )
          count++;
    printf("chuxian cishu=%d\n",count);
}
```

5.5 函数

一、选择题

1. 在 C 语言中,(   )。
    A. 函数的定义允许嵌套,但函数的调用不允许嵌套。
    B. 函数的定义不允许嵌套,但函数的调用允许嵌套。
    C. 函数的定义和调用都不允许嵌套。
    D. 函数的定义和调用都允许嵌套。

2. 若已定义的函数有返回值,则以下关于该函数调用的叙述中,错误的是(   )。
    A. 函数调用可以作为独立的语句存在
    B. 函数调用可以作为一个函数的实参
    C. 函数调用可以出现在表达式中
    D. 函数调用可以作为一个函数的形参

3. C 语言中,函数返回值的类型是由(   )。
    A. return 语句中的表达式类型决定
    B. 调用函数的主调函数类型决定
    C. 调用函数时的临时类型决定
    D. 定义函数时所指定的函数类型决定

4. 已定义以下函数

```
fun(int * p)
    { return * p; }
```

该函数的返回值是(   )。
    A. 不确定的值   B. 形参 p 中存放的值
    C. 形参 p 所指存储单元中的值   D. 形参 p 的地址值

5. 在 TC 语言中,若对函数类型未加显式说明,则函数的隐含类型是(   )。
    A. void   B. double   C. int   D. char

6. 用数组名作为函数调用时的实参,则实际传递给形参的是(   )。
    A. 数组的第一个元素值   B. 数组中全部元素值
    C. 数组的首地址   D. 数组的元素个数

二、 填空题

1. 用数组名作为函数调用时的实参,则实参传递给形参的是_____。

2. 形参是_____变量。

3. 函数：float pp(int x,int y) {...},该函数 pp 的函数类型是_____。

三、 读程序,写出程序执行结果

1.
```c
int fib(int g)
{ switch(g)
    { case 0: return 0;
      case 1:
      case 2: return 1;
    }
  return -1;
}
void main()
{ printf("%d\n", fib(2));
}
```

运行结果：

2.
```c
int fun(int x)
{ return(x>0 ? x : -x);
}
void main()
{ int a=-5;
  printf("%d, %d\n",a,fun(a));
}
```

运行结果：

3.
```c
ex()
{ static int x=5;
  --x;
  printf("%d",x);
}
void main()
{ ex();
  ex();
  ex();
}
```

运行结果：

```
```

4. ```c
   fun(int a, int b)
   { if(a>b) return(a);
     else return(b);
   }
   void main()
   { int x=3, y=8, z=6, r;
     r =fun(fun(x,y), 2 * z);
     printf("%d\n", r);
   }
   ```

运行结果：

```
```

5. ```c
   int f(int x)
   { int y=0;
     static z=3;
     y++;   z++;
     return(x+y+z);
   }
   void main()
   { int w=2,k;
       for(k=1;k<3;k++) w=f(w);
       printf("%d\n",w);
   }
   ```

运行结果：

```
```

6. ```c
   void f(int x, int y)
   { int t;
       if (x<y) { t=x; x=y; y=t; }
   }
   void main()
   { int a=4,b=3,c=5;
     f(a,b); f(a,c); f(b,c);
     printf("%d,%d,%d\n",a,b,c);
   }
   ```
   ```

运行结果：

```
                                                          
```

7. ```c
int b=2;
fun(int * a)
{ b+=* a; return(b);
}
void main()
{ int a=2, res=2;
  res+=fun(&a);
  printf("%d\n",res);
}
```

运行结果：

```

```

8. ```c
int d=1;
void fun(int p)
{ int d=5;
  d+=p++;
  printf("%d",d);
}
void main()
{ int a=3;
  fun(a);
  d+=a++;
  printf("%d\n", d);
}
```

运行结果：

```
                                                          
```

9. ```c
int d=2;
int fun(int p)
{ static int d=3;
  d+=p;
  printf("%3d" , d);
  return(d);
}
void main( )
```
```

```
  { printf("%3d\n" , fun(2+fun(d)));
  }
```

运行结果：

```
```

10. ```
    int f( )
    { int s=1;
      static int i=0;
      s+=i;  i++;
      return  s;
    }
    void main()
    { int i,a=0;
      for(i=0;i<5;i++) a+=f( );
      printf("%d\n",a);
    }
    ```

运行结果：

```
```

11. ```
    int f( )
    { int s=1;
      static int i=0;
      s+=i;  i++;
      return  s;
    }
    void main()
    { int i,a=0;
      for(i=0;i<5;i++) a+=f( );
      printf("%d\n",a);
    }
    ```

运行结果：

```
```

12. ```
    int a=5;
    fun(int b)
    { static int a=10;
      a+=b++;
      printf("%d ",a);
    ```
    ```

```
    }
    void main()
    { int c=20;
      fun(c);
      a+=c++;
      printf("%d\n",a);
    }
```

运行结果：

13.
```
    fun(int a, int b)
    { if(a>b) return(a);
      else return(b);
    }
    void main()
    { int x=3, y=8, z=6, r;
      r=fun(fun(x,y), 2*z);
      printf("%d\n", r);
    }
```

运行结果：

14.
```
    int a=100,b=200;
    void f()
    { printf("%d,%d\n",a,b);
      a=1;b=2;
    }
    void main()
    { int a=5,b=7;
      f();
      printf("%d,%d\n", a,b);
    }
```

运行结果：

15.
```
    fun( int x)
    { static int a=3;
      a+=x;
```

```
        return a;
    }
    void main ( )
    { int k=2,m=1,n;
      n=fun(k);
      n=fun(m);
      printf("%d\n",n);
    }
```

运行结果：

5.6 指针

一、选择题

1. 设有定义 int a[ ]={1,5,7,9,11,13}, * p＝a＋3;则 * (p－2) * (a＋4)的值是(   )。

    A. 5 11   B. 1 9   C. 5 9   D. 有错误

2. 设有定义 int a[ ]={1,5,7,9,11,13}, * p＝a＋3; 则 * (p－3) , * (a＋2) 的值是(   )。

    A. 5 11   B. 1 7   C. 5 9   D. 有错误

3. 对于 int a[ ] ＝ {1,2,3,4,5,6},p;p＝a; * (p＋3)＋＝2;则 * p, * (p＋3)的值为(   )。

    A. 1 5   B. 1 3   C. 1 4   D. 1 6

4. 设有定义 char * p＝"abcde\Ofghjik\0";则 printf("%d\n",strlen(p));输出结果是(   )。

    A. 12   B. 15   C. 6   D. 5

5. 程序段 char s[20]="abcd", * sp＝s; strcat(sp,"ABCD"); puts(sp);的输出结果是(   )。

    A. abcdABCD   B. ABCDabcd   C. ABCD   D. abcd

6. 设有定义语句 char str[][20]＝{"Hello","Beijing"}, * p＝str;则 printf("%d\n", strlen(p＋20));输出结果是(   )。

    A. 0   B. 5   C. 7   D. 20

7. 能正确运用指针变量的程序段是(   )。

    A. int * i＝NULL;   B. float * f＝NULL;

        scanf("%d",i);   * f＝10.5;

    C. char t＝'m';, * c＝&t;   D. long * L;

        * c＝&t;   L＝'\0';

8. 以下函数的功能是：通过键盘输入数据，为数组中的所有元素赋值。

```
#define N 10
void arrin(int x[N])
{ int i=0;
    while(i<N)
    scanf("%d",_____);
}
```

在下划线处应填入的是(   )。

    A．x+i   B．&x[i+1]   C．x+(i++)   D．&x[++i]

9. 若有以下定义和语句 int a=4,b=3,*p,*q,*w; p=&a;q=&b;w=q;q=NULL;,则以下选项中错误的语句是(   )。

    A．*q=0;   B．w=p;   C．*p=a;   D．*p=*w;

10. 下列选项中正确的语句组是(   )。

    A．char s[8]; s={"Beijing"};   B．char *s; s={"Beijing"};

    C．char s[8]={"Beijing"};   D．char *s; s="Beijing";

二、 填空题

1. char str1[10],str2[10]={"books"},则能将字符串 books 赋给数组 str1 的标准函数是_____。

2. 若有说明：char s1[4]="12", *ptr=s1;,则称指针变量 ptr 指向数组 s1 的_____,而 *(ptr+1)的值是_____。

3. 对于 char str[]="1234",*p=str;则(*p+2)的结果是_____。

4. 已知 int a[5]={1,2,3,4,5},*p=a+2;,则 *P 的值是_____。

5. 若有说明 char *s="ABCDEFG";,则称指针变量 S 指向字符串的_____,而 S[2]的值是_____。

三、 读程序，写出程序执行结果

1. ```
void main()
{ char *p, str[20]="xyz ";
  p=" ABCDEFG";
  strcpy(str+1 , p+1);
  printf("%s", str);
}
```

运行结果：

<br><br><br>

2. ```
void main()
{ char *p="abcdba", *q;
    int  flag=1;
```

```
      q=p+strlen(p)-1;
      while(p<q) if(*p++!=*q--) flag=0;
      if(flag) puts("yes");
      else puts("no");
   }
```

运行结果：


```
3. void fun(char *a, char *b)
   { a=b;  (*a)++;
   }
   void main()
   { char c1='A',c2='a',*p1,*p2;
     p1=&c1; p2=&c2; fun(p1,p2);
     printf("%c%c\n",c1,c2);
   }
```

运行结果：


```
4. void f(int *s , int n1 , int n2)
   { int i , j , t;
     i=n1;  j=n2;
     while(i<j)
     { t=*(s+i); *(s+i)=*(s+j); *(s+j)=t;
       i++; j--;
     }
   }
   void main()
   { int a[]={11,55,66,77,88,99},i;
     f(a,1,5);
     for(i=0;i<6;i++)printf("%3d",a[i]);
   }
```

运行结果：


```
5. f(int *x,int n)
   { int *p, *s;
     for(p=x,s=x;p-x<n;p++)
```

```
        if(* s<* p) s=p;
      return(* s);
  }
  void main()
  { int a[5]={1,12,10,16,8};
    printf("%d\n",f(a,5));
  }
```

运行结果：

6. `void main ( )`
```
  { char   a[20]="very lucky", c;
      int i, j;
      j=strlen(a)-1;
      for (i=0;   j>i;   i++,j--)
      {   c=* (a+i); * (a+i)=* (a+j); * (a+j)=c;
      }
      puts(a);
  }
```

运行结果：

7. `void main()`
```
  { int a,k, * p=&a;
    a=6;
    for(k=1;k<= (* p);k++)
    if((* p)%k!=0)printf("%5d",k);
  }
```

运行结果：

8. `void main()`
```
  { char   x[]="abcxyz";
    char * ptr;
    for(ptr=&x[2];ptr<x+6;ptr++)
    printf("%s\n",ptr);
  }
```

运行结果：

9.
```
void main()
{ char  a[]="language", *p=a;
  int k=0;
  while(*p)
   { if(*p<'f') ++k; p++; }
     printf("%s  %d\n",a,k);
}
```

运行结果：

10.
```
void main()
{ int k,a[10],*p=a ;
  for(k=1;k<10;k++) *(p+k-1)=k;
  for(k=0;k<5;k++) *(p+9-k)=*(p+k);
  for(k=0;k<10;k++) printf("%3d",*p++);
}
```

运行结果：

11.
```
void main()
{ char *p="China University of Petroleum!", *p1;
  int n=1;
  p1=p;
  while(*++p)n++;
  printf("%s ,%d\n",p1+20,n);
}
```

运行结果：

12.
```
void fun(char *c,int d)
{ *c=*c+1;d=d+1;
  printf("%c,%c,",*c,d);
```

```
    }
    void main()
    {   char a='A',b='a';
        fun(&b,a); printf("%c,%c\n",a ,b);
    }
```

运行结果：

13.
```
    fun(char * w, int n)
    {   char  t, * s1, * s2;
        s1=w;
        s2=w+n-1;
        while(s1<s2) {t= * s1++; * s1= * s2--; * s2=t;}
    }
    void main()
    {   char * p="1234567";
        fun(p, strlen(p));
        puts(p);
    }
```

运行结果：

14.
```
    int fun(char * s1,char * s2)
    {   int i=0;
        while(s1[i]==s2[i] && s2[i]!='\0') i++;
        return (s1[i]=='\0' && s2[i]=='\0');
    }
    void main()
    {   char p[10]="abcdef", q[10]="ABCDEF"
        printf("%d\n",fun(p,q));
    }
```

运行结果：

15.
```
    void main()
    {   int a[10], * p, * s,i;
        for(i=0;i<10;i++)
           scanf("%d",a+i);
```

```
    for(p=a,s=a;p-a<10;p++)
      if(*p>*s)s=p;
    printf("max=%d,index=%d\n",*s,s-a);
}
```

简述上列程序完成的功能。

5.7 编译预处理

一、选择题

1. 下面叙述中,正确的是( )。

A. 带参数的宏定义中参数是没有类型的

B. 宏展开将占用程序的运行时间

C. 宏定义命令是 C 语言中的一种特殊语句

D. 使用 # include 命令包含的头文件必须以". h"为后缀

2. 下面叙述中,正确的是( )。

A. 宏定义是 C 语句,所以要在行末加分号

B. 可以使用 # undef 命令来终止宏定义的作用域

C. 在进行宏定义时,宏定义不能层层嵌套

D. 对程序中用双引号括起来的字符串内的字符,与宏名相同的要进行置换

3. 在"文件包含"预处理语句中,当 # include 后面的文件名用双引号括起时,寻找被包含文件的方式为( )。

A. 直接按系统设定的标准方式搜索目录

B. 先在源程序所在目录搜索,若找不到,再按系统设定的标准方式搜索

C. 仅仅搜索源程序所在目录

D. 仅仅搜索当前目录

4. 下面叙述中,不正确的是( )。

A. 函数调用时,先求出实参表达式,然后带入形参。而使用带参的宏只是进行简单的字符替换

B. 函数调用是在程序运行时处理的,分配临时的内存单元。而宏展开则是在编译时进行的,在展开时也要分配内存单元,进行值传递

C. 对于函数中的实参和形参都要定义类型,二者的类型要求一致,而宏不存在类型问题,宏没有类型

D. 调用函数只可得到一个返回值,而用宏可以设法得到几个结果

5. 下面叙述中,不正确的是( )。

A. 使用宏的次数较多时,宏展开后源程序长度增长。而函数调用不会使源程序变长

B. 函数调用是在程序运行时处理的,分配临时的内存单元。而宏展开则是在编译时进行的,在展开时不分配内存单元,不进行值传递

C. 宏替换占用编译时间

D. 函数调用占用编译时间

6. 下面叙述中,正确的是(   )。

    A. 可以把 define 和 if 定义为用户标识符

    B. 可以把 define 定义为用户标识符,但不能把 if 定义为用户标识符

    C. 可以把 if 定义为用户标识符,但不能把 define 定义为用户标识符

    D. define 和 if 都不能定义为用户标识符

7. 下面叙述中,正确的是(   )。

    A. ♯define 和 printf 都是 C 语句

    B. ♯define 是 C 语句,而 printf 不是

    C. printf 是 C 语句,但 ♯define 不是

    D. ♯define 和 printf 都不是 C 语句

8. 以下叙述中,正确的是(   )。

    A. 用 ♯include 包含的头文件的后缀不可以是". a"

    B. 若一些源程序中包含某个头文件;当该头文件有错时,只需对该头文件进行修改,包含此头文件所有源程序不必重新进行编译

    C. 宏命令行可以看做是一行 C 语句

    D. C 编译中的预处理是在编译之前进行的

9. 下列程序运行结果为(   )。

```
#define R 3.0
#define PI 3.1415926
#define L 2 * PI * R
#define S PI * R * R
void main()
{
  printf("L=%f S=%f\n",L,S);
}
```

    A. L=18.849556 S=28.274333

    B. 18.849556=18.849556 28.274333=28.274333

    C. L=18.849556 28.274333=28.274333

    D. 18.849556=18.849556 S=28.274333

10. 以下程序执行的输出结果是(   )。

```
#define MIN(x,y) (x)<(y)? (x):(y)
void main()
{
  int i,j,k;
  i=10;j=15;
  k=10 * MIN(i,j);
  printf("%d\n",k);
}
```

A. 15   B. 100   C. 10   D. 150

11. 下列程序执行后的输出结果是(   )。

```
#define MA(x) x * (x-1)
void main()
{
  int a=1,b=2;
  printf("%d \n",MA(1+a+b));
}
```

A. 6   B. 8   C. 10   D. 12

12. 以下程序的输出结果是(   )。

```
#define  M(x,y,z)  x * y+z
void main()
{
  int   a=1,b=2, c=3;
  printf("%d\n", M(a+b,b+c, c+a));
}
```

A. 19   B. 17   C. 15   D. 12

13. 程序中头文件 typel.h 的内容是(   )。

```
#define  N   5
#define  M1  N * 3
```

程序如下:

```
#include  "type1.h"
#define  M2  N * 2
void main()
{
  int i;
  i=M1+M2;
  printf("%d\n",i);
}
```

程序编译后运行的输出结果是(   )。

A. 10   B. 20   C. 25   D. 30

14. 请读程序:

```
#include<stdio.h>
#define SUB(X,Y) (X) * Y
void main()
{
  int a=3, b=4;
  printf("%d", SUB(a++, b++));
}
```

上面程序的输出结果是(   )。

A. 12   B. 15   C. 16   D. 20

15. 执行下面的程序后,a 的值是(   )。

```
#define    SQR(X)   X * X
void main( )
{
  int a=10,k=2,m=1;
  a/=SQR(k+m)/SQR(k+m);
  printf("%d\n",a);
}
```

    A. 10   B. 1   C. 9   D. 0

16. 设有以下宏定义:

```
#define   N  3
#define   Y(n)  ((N+1) * n)
```

则执行语句:z=2 * (N+Y(5+1));后,z 的值为(   )。

    A. 出错   B. 42   C. 48   D. 54

17. 以下程序的输出结果是(   )。

```
#define   f(x)   x * x
void main()
{
  int a=6,b=2,c;
  c=f(a) / f(b);
  printf("%d\n",c);
}
```

    A. 9   B. 6   C. 36   D. 18

18. 有以下程序:

```
#define   N   2
#define   M   N+1
#define   NUM   2 * M+1
void main()
{
  int i;
  for(i=1;i<=NUM;i++)
  printf("%d\n",i);
}
```

该程序中的 for 循环执行的次数是(   )。

    A. 5   B. 6   C. 7   D. 8

19. 执行以下程序后,输出结果为(   )。

```
#include <stdio.h>
#define   N   4+1
#define   M   N * 2+N
#define   RE   5 * M+M * N
void main()
```

```
{
    printf("%d",RE/2);
}
```

    A. 150   B. 100   C. 41   D. 以上结果都不正确

20. 以下程序的输出结果是(　　)。

```
#define LETTER 0
void main()
{
    char str[20]="C Language",c;
    int i;
    i=0;
    while((c=str[i])!='\0')
    {
        i++;
        #if LETTER
        if(c>='a'&&c<='z') c=c-32;
        #else
        if(c>='A'&&c<='Z') c=c+32;
        #endif
        printf("%c",c);
    }
}
```

    A. C Language   B. c language

    C. C LANGUAGE   D. c LANGUAGE

二、填空题

1. 以下程序的输出结果是_____。

```
#define  MAX(x,y)  (x)>(y)? (x):(y)
void main()
{
    int  a=5,b=2,c=3,d=3,t;
    t=MAX(a+b,c+d)*10;
    printf("%d\n",t);
}
```

2. 下面程序的运行结果是_____。

```
#define  N  10
#define  s(x)  x*x
#define  f(x)  (x*x)
void main()
{
    int i1,i2;
    i1=1000/s(N);
```

```
   i2=1000/f(N);
   printf("%d,%d\n",i1,i2);
}
```

3. 设有以下宏定义：

```
#define  MYSWAP(z,x,y)    {z=x; x=y; y=z;}
```

以下程序段通过宏调用实现变量 a、b 内容交换，请填空。

```
float  a=5,b=16,c;
MYSWAP( 【1】 ,a,b);
```

4. 计算圆的周长、面积和球的体积。请填空。

```
   【1】
void main()
{
  float l,r,s,v;
  printf("input a radus: ");
  scanf("%f", 【2】 );
  l=2.0 * PI * r;
  s=PI * r * r;
  v=4.0/3 * ( 【3】 );
  printf("l=%.4f\n s=%.4f\n v=%.4f\n",l,s,v);
}
```

5. 计算圆的周长、面积和球的体积。请填空。

```
#define PI 3.1415926
#define 【1】  L=2 * PI * R; 【2】 ;
void main()
{
  float r,l,s,v;
  printf("input a radus: ");
  scanf("%f",&r);
  CIRCLE(r,l,s,v);
  printf("r=%.2f\n l=%.2f\n s=%.2f\n v=%.2f\n",【3】 );
}
```

5.8 结构体

1. 若有以下说明，则对结构体变量 stu1 中成员 age 的不正确的引用方式是（   ）。

```
struct student
{ int age;
    int num;
}stu1, * p;
    p=&stu1;
```

A. stu1.age   B. student.age   C. (* p).age   D. p->age

2. 设有以下定义：

```
struct ss
{  char name[10];
   int age;
   char sex;
} std[3],*p=std;
```

下面各输入语句中错误的是(　　　)。

A. scanf("%d",&(*p).age);　　　　　B. scanf("%s",&std.name);

C. scanf("%c",&std[0].sex);　　　　D. scanf("%c",&(p->sex));

3. 若有以下说明，能正确地引用"Li Ming"的方式是(　　　)。

```
struct stu
{  int name;
   int num;
}stu1[2]={{"Ma Hong",18},{Li Ming,17}};
   struct stu *p=stu1;
```

A. stu1.name　　　　　　　　　　B. stu1[1].name

C. (*p++).name　　　　　　　　　D. p->name

4. 设有以下说明语句：

```
struct ex
{ int x;float y; char z;} example;
```

则下面的叙述中，不正确的是(　　　)。

A. struct 是结构体类型的关键字　　B. example 是结构体类型名

C. x、y、z 都是结构体成员名　　　　D. struct ex 是结构体类型

5. 设有以下定义：

```
struct ss
{  char name[10];
   int age;
   char sex;
}std[3],*p=std;
```

下面各输入语句中错误的是(　　　)。

A. scanf("%d",&(*p).age);　　　　　B. scanf("%s",&std.name);

C. scanf("%c",&std[0].sex);　　　　D. scanf("%c",&(p->sex));

6. 设有以下定义：

```
struct sk
{ int a;
  float b;
}data;
  int *p;
```

若要使 p 指向 data 中的 a 域,正确的赋值语句是(　　)。

  A. p=&a   B. p=data.a;

  C. p=&data.a   D. *p=data.a

7. 以下选项中不能正确把 c1 定义成结构体变量的是(　　)。

  A. typedef struct   B. struct color c1

    {int red;   {int red;

    int green;   int green;

    int blue;}COLOR   int blue;};

    COLOR c1;

  C. struct color   D. struct

    {int red;   {int n;

    int green;   int green;

    int blue;}c1;   int blue;}c1;

8. 有以下程序:

```
struct s
{
  int x,y;
}data[2]={10,100,20,200};
void main()
{
  struct s * p=data;
  printf("%d\n",++(p->x));
}
```

程序运行后的输出结果是_____。

9. 若要说明一个类型名 STP,使得定义语句 STP s;等价于 char *s;,以下选项中正确的是(　　)。

  A. typedef STP char *s   B. typedef *char STP

  C. typedef STP *char   D. typedef char * STP

10. 设有以下说明:

```
typedef  struct  ST
{
  long a;
  int b;
  char c[2];
} NEW;
```

则下面叙述中,正确的是(　　)。

  A. 以上的说明形式非法   B. ST 是一个结构体类型

  C. NEW 是一个结构体类型   D. NEW 是一个结构体变量

5.9 文件

1. 系统的标准输入文件是指( )。

    A. 键盘   B. 显示器   C. 软盘   D. 硬盘

2. 若执行 fopen 函数时发生错误,则函数的返回值是( )。

    A. 地址值   B. 0   C. 1   D. EOF

3. 若要用 fopen 函数打开一个新的二进制文件,该文件要既能读也能写,则文件方式字符串应是( )。

    A. "ab+"   B. "wb+"   C. "rb+"   D. "ab"

4. fscanf 函数的正确调用形式是( )。

    A. fscanf(fp,格式字符串,输出表列)

    B. fscanf(格式字符串,输出表列,fp);

    C. fscanf(格式字符串,文件指针,输出表列);

    D. fscanf(文件指针,格式字符串,输入表列);

5. fgetc 函数的作用是从指定文件读入一个字符,该文件的打开方式必须是( )。

    A. 只写   B. 追加   C. 读或读写   D. 答案 B 和 C 都正确

6. 函数调用语句 fseek(fp,−20L,2);的含义是( )。

    A. 将文件位置指针移到距离文件头 20 个字节处

    B. 将文件位置指针从当前位置向后移动 20 个字节

    C. 将文件位置指针从文件末尾处后退 20 个字节

    D. 将文件位置指针移到离当前位置 20 个字节处

7. 利用 fseek 函数可实现的操作是( )。

    A. fseek(文件类型指针,起始点,位移量);

    B. fseek(fp,位移量,起始点);

    C. fseek(位移量,起始点,fp);

    D. fseek(起始点,位移量,文件类型指针);

8. 在执行 fopen 函数时,ferror 函数的初值是( )。

    A. TRUE   B. −1   C. 1   D. 0

9. 若 fp 为文件指针,且文件已正确打开,i 为 long 型变量,以下程序段的输出结果是( )。

```
fseek(fp, 0, SEEK_END);
i=ftell(fp);
printf("i=%ld\n", i);
```

    A. −1   B. fp 所指文件的长度,以字节为单位

    C. 0   D. 2

10. 以下叙述中,不正确的是(　　)。

　　A. C语言中的文本文件以 ASCII 码形式存储数据

　　B. C语言中对二进制位的访问速度比文本文件快

　　C. C语言中,随机读写方式不使用于文本文件

　　D. C语言中,顺序读写方式不使用于二进制文件

计算机等级考试二级 C 语言试题

本章知识和技能目标

- 掌握 C 语言笔试和上机试题的解答。
- 通过计算机等级考试二级试题的练习,掌握 C 语言的基础理论知识。

6.1 二级笔试真题 2011 年 3 月

一、选择题

1. 下列关于栈的叙述,正确的是(　　　)。

　　A. 栈顶元素最先能被删除　　　　B. 栈顶元素最后才能被删除

　　C. 栈底元素永远不能被删除　　　　D. 以上 3 种说法都不对

2. 下列叙述中,正确的是(　　　)。

　　A. 有一个以上根节点的数据结构不一定是非线性结构

　　B. 只有一个根节点的数据结构不一定是线性结构

　　C. 循环链表是非线性结构

　　D. 双向链表是非线性结构

3. 某二叉树共有 7 个节点,其中叶子节点只有 1 个,则该二叉树的深度为(假设根节点在第 1 层)(　　　)。

　　A. 3　　　　　　　　B. 4　　　　　　　　C. 6　　　　　　　　D. 7

4. 在软件开发中,需求分析阶段产生的主要文档是(　　　)。

　　A. 软件集成测试计划　　　　B. 软件详细设计说明书

　　C. 用户手册　　　　　　　　D. 软件需求规格说明书

5. 结构化程序所要求的基本结构不包括(　　　)。

　　A. 顺序结构　　　　　　　　B. GOTO 跳转

　　C. 选择(分支)结构　　　　　　D. 重复(循环)结构

6. 下面描述中错误的是(　　　)。

　　A. 系统总体结构图支持软件系统的详细设计

　　B. 软件设计是将软件需求转换为软件表示的过程

C. 数据结构与数据库设计是软件设计的任务之一

D. PAD图是软件详细设计的表示工具

7. 负责数据库中查询操作的数据库语言是(　　)。

    A. 数据定义语言　　　　　　　　　B. 数据管理语言

    C. 数据操纵语言　　　　　　　　　D. 数据控制语言

8. 一个教师可讲授多门课程,一门课程可由多个教师讲授。则实体教师和课程间的联系是(　　)。

    A. $1:1$ 联系　　　B. $1:m$ 联系　　　C. $m:1$ 联系　　　D. $m:n$ 联系

9. 有3个关系 R、S 和 T 如下:

A	B	C
a	1	2
b	2	1
c	3	1

R

A	B
c	3

S

C
1

T

则由关系 R 和 S 得到关系 T 的操作是(　　)。

    A. 自然连接　　　B. 交　　　　　C. 除　　　　　D. 并

10. 定义无符号整数类为 UInt,下面可以作为类 UInt 实例化值的是(　　)。

    A. -369　　　　　　　　　　　B. 369

    C. 0.369　　　　　　　　　　　D. 整数集合$\{1,2,3,4,5\}$

11. 计算机高级语言程序的运行方法有编译执行和解释执行两种,以下叙述正确的是(　　)。

    A. C语言程序仅可以编译执行

    B. C语言程序仅可以解释执行

    C. C语言程序既可以编译执行又可以解释执行

    D. 以上说法都不对

12. 以下叙述中,错误的是(　　)。

    A. C语言的可执行程序是由一系列机器指令构成的

    B. 用C语言编写的源程序不能直接在计算机上运行

    C. 通过编译得到的二进制目标程序需要连接才可以运行

    D. 在没有安装C语言集成开发环境的机器上不能运行C源程序生成的.exe文件

13. 以下选项中不能用作C程序合法常量的是(　　)。

    A. 1,234　　　　B. '123'　　　　C. 123　　　　　D. "\x7G"

14. 以下选项中可用作C程序合法实数的是(　　)。

    A. .1e0　　　　　B. 3.0e0.2　　　C. E9　　　　　D. 9.12E

15. 若有定义语句:int a=3,b=2,c=1;,以下选项中错误的赋值表达式是(　　)。

    A. a=(b=4)=3;　　　　　　　　　B. a=b=c+1;

    C. a=(b=4)+c;　　　　　　　　　D. a=1+(b=c=4);

16. 有以下程序段：

```
char name[20];
int num;
scanf("name=%s num=%d",name;&num);
```

当执行上述程序段，并从键盘输入：name＝Lili num＝1001＜回车＞后，name 的值为（　　）。

  A. Lili   B. name＝Lili

  C. Lili num＝   D. name＝Lili num＝1001

17. if 语句的基本形式是：if(表达式)语句,以下关于"表达式"值的叙述中,正确的是（　　）。

  A. 必须是逻辑值   B. 必须是整数值

  C. 必须是正数   D. 可以是任意合法的数值

18. 有以下程序：

```
#include <stdio.h>
main()
{ int x=011;
  printf("%d\n",++x);
}
```

程序运行后的输出结果是（　　）。

  A. 12   B. 11   C. 10   D. 9

19. 有以下程序：

```
#include <stdio.h>
main()
{ int s;
  scanf("%d",&s);
  while(s>0)
  { switch(s)
    { case1:printf("%d",s+5);
      case2:printf("%d",s+4); break;
      case3:printf("%d",s+3);
      default:printf("%d",s+1);break;
    }
    scanf("%d",&s);
  }
}
```

运行时,若输入 1 2 3 4 5 0＜回车＞,则输出结果是（　　）。

  A. 6566456   B. 66656   C. 66666   D. 6666656

20. 有以下程序段：

```
int i,n;
for(i=0;i<8;i++)
```

```
    {   n=rand()%5;
        switch (n)
        {   case 1:
            case 3:printf("%d\n",n); break;
            case 2:
            case 4:printf("%d\n",n); continue;
            case 0:exit(0);
        }
        printf("%d\n",n);
    }
```

以下关于程序段执行情况的叙述,正确的是( )。

    A. for 循环语句固定执行 8 次

    B. 当产生的随机数 n 为 4 时结束循环操作

    C. 当产生的随机数 n 为 1 和 2 时不做任何操作

    D. 当产生的随机数 n 为 0 时结束程序运行

21. 有以下程序:

```
#include <stdio.h>
main()
{   char s[]="012xy\08s34f4w2";
    int i,n=0;
    for(i=0;s[i]!=0;i++)
        if(s[i]>='0'&&s[i]<='9') n++;
    printf("%d\n",n);
}
```

程序运行后的输出结果是( )。

    A. 0   B. 3   C. 7   D. 8

22. 若 i 和 k 都是 int 类型变量,有以下 for 语句:

```
for(i=0,k=-1;k=1;k++) printf("*****\n");
```

下面关于语句执行情况的叙述中,正确的是( )。

    A. 循环体执行两次   B. 循环体执行一次

    C. 循环体一次也不执行   D. 构成无限循环

23. 有以下程序:

```
#include <stdio.h>
main()
{   char b,c; int i;
    b='a'; c='A';
    for(i=0;i<6;i++)
    {   if(i%2) putchar(i+b);
        else putchar(i+c);
    } printf("\n");
}
```

程序运行后的输出结果是( )。

A. ABCDEF　　　B. AbCdEf　　　　C. aBcDeF　　　　D. abcdef

24. 设有定义 double x[10], *p＝x;,以下能给数组 x 下标为 6 的元素读入数据的正确语句是（　　）。

A. scanf("%f",&x[6]);　　　　　　B. scanf("%lf",*(x+6));

C. scanf("%lf",p+6);　　　　　　D. scanf("%lf",p[6]);

25. 有以下程序（说明：字母 A 的 ASCII 码值是 65）：

```
#include <stdio.h>
void fun(char * s)
{ while(* s)
  { if(* s%2) printf("%c",* s);
    s++;
  }
}
main()
{ char a[]="BYTE";
  fun(a); printf("\n");
}
```

程序运行后的输出结果是（　　）。

A. BY　　　　　B. BT　　　　　C. YT　　　　　D. YE

26. 有以下程序段：

```
#include <stdio.h>
main()
{ ...
  while( getchar()!='\n');
  ...
}
```

以下叙述中,正确的是（　　）。

A. 此 while 语句将无限循环

B. getchar()不可以出现在 while 语句的条件表达式中

C. 当执行此 while 语句时,只有按 Enter 键程序才能继续执行

D. 当执行此 while 语句时,按任意键程序就能继续执行

27. 有以下程序：

```
#include <stdio.h>
main()
{ int x=1,y=0;
  if(!x) y++;
  else if(x==0)
  if (x) y+=2;
  else y+=3;
  printf("%d\n",y);
}
```

程序运行后的输出结果是（　　）。

A. 3   B. 2   C. 1   D. 0

28. 若有定义语句 char s[3][10],(＊k)[3],＊p;,则以下赋值语句正确的是( )。

A. p＝s;   B. p＝k;   C. p＝s[0];   D. k＝s;

29. 有以下程序：

```
#include <stdio.h>
void fun(char * c)
{ while(* c)
  { if(* c>='a'&&* c<='z') * c=* c-('a'-'A');
    c++;
  }
}
main()
{ char s[81];
  gets(s); fun(s); puts(s):
}
```

当执行程序时从键盘上输入 Hello Beijing＜回车＞,则程序的输出结果是( )。

A. hello beijing   B. Hello Beijing

C. HELLO BEIJING   D. hELLO Beijing

30. 以下函数的功能是：通过键盘输入数据,为数组中的所有元素赋值。

```
#include <stdio.h>
#define N 10
void fun(int x[N])
{ int i=0;
  while(i<> _____
}
```

在程序中下划线处应填入的是( )。

A. x+i   B. ＆x[i+1]   C. x+(i++)   D. ＆x[++i]

31. 有以下程序：

```
#include <stdio.h>
main()
{ char a[30],b[30];
  scanf("%s",a);
  gets(b);
  printf("%s\n %s\n",a,b);
}
```

程序运行时若输入：

how are you? I am fine<回车>

则输出结果是( )。

A. how are you?   B. how

                                      I am fine are you? I am fine

C. how are you? I am fine　　　　D. how are you?

32. 设有以下函数定义：

```
int fun(int k)
{   if (k<1) return 0;
    else if(k==1) return 1;
    else return fun(k-1)+1;
}
```

若执行调用语句用程序 n= fun(3);，则函数 fun 总共被调用的次数是(　　　)。
A. 2　　　　B. 3　　　　C. 4　　　　D. 5

33. 有以下程序：

```
#include <stdio.h>
int fun (int x,int y)
{   if (x!=y) return ((x+y);2);
    else return (x);
}
main()
{   int a=4,b=5,c=6;
    printf("%d\n",fun(2 * a,fun(b,c)));
}
```

程序运行后的输出结果是(　　　)。
A. 3　　　　B. 6　　　　C. 8　　　　D. 12

34. 有以下程序：

```
#include <stdio.h>
int fun()
{   static int x=1;
    x * =2;
    return x;
}
main()
{   int i,s=1;
    for(i=1;i<=3;i++) s * =fun();
    printf("%d\n",s);
}
```

程序运行后的输出结果是(　　　)。
A. 0　　　　B. 10　　　　C. 30　　　　D. 64

35. 有以下程序：

```
#include <stdio.h>
#define S(x) 4 * (x) * x+1
main()
{   int k=5,j=2;
    printf("%d\n",S(k+j));
}
```

程序运行后的输出结果是( )。

    A. 197   B. 143   C. 33   D. 28

36. 设有定义 struct {char mark[12];int num1;double num2;} t1,t2;,若变量均已正确赋初值,则以下语句中错误的是( )。

    A. t1＝t2;   B. t2.num1＝t1.num1;

    C. t2.mark＝t1.mark;   D. t2.num2＝t1.num2;

37. 有以下程序:

```c
#include <stdio.h>
struct ord
{ int x,y;}
  dt[2]={1,2,3,4};
  main()
{
    struct ord * p=dt;
    printf("%d,",++(p->x)); printf("%d\n",++(p->y));
}
```

程序运行后的输出结果是( )。

    A. 1,2   B. 4,1   C. 3,4   D. 2,3

38. 有以下程序:

```c
#include <stdio.h>
struct S
{ int a,b;}data[2]={10,100,20,200};
main()
{ struct S p=data[1];
    printf("%d\n",++(p.a));
}
```

程序运行后的输出结果是( )。

    A. 10   B. 11   C. 20   D. 21

39. 有以下程序:

```c
#include <stdio.h>
main()
{ unsigned char a=8,c;
    c=a>>3;
    printf("%d\n",c);
}
```

程序运行后的输出结果是( )。

    A. 32   B. 16   C. 1   D. 0

40. 设 fp 已定义,执行语句 fp＝fopen("file","w");后,以下针对文本文件 file 操作叙述的选项中,正确的是( )。

    A. 写操作结束后可以从头开始读   B. 只能写不能读

    C. 可以在原有内容后追加写   D. 可以随意读和写

二、填空题

1. 有序线性表能进行二分查找的前提是该线性表必须是　【1】　存储的。

2. 一棵二叉树的中序遍历结果为 DBEAFC,前序遍历结果为 ABDECF,则后序遍历结果为　【2】　。

3. 对软件设计的最小单位(模块或程序单元)进行的测试通常称为　【3】　测试。

4. 实体完整性约束要求关系数据库中元组的　【4】　属性值不能为空。

5. 在关系 A(S,SN,D) 和关系 B(D,CN,NM) 中,A 的主关键字是 S,B 的主关键字是 D,则称　【5】　是关系 A 的外码。

6. 以下程序运行后的输出结果是　【6】　。

```c
#include <stdio.h>
main()
{ int a;
    a=(int)((double)(3/2)+0.5+(int)1.99*2);
    printf("%d\n",a);
}
```

7. 有以下程序:

```c
#include <stdio.h>
main()
{ int x;
    scanf("%d",&x);
    if(x>15) printf("%d",x-5);
    if(x>10) printf("%d",x);
    if(x>5) printf("%d\n",x+5);
}
```

若程序运行时从键盘输入 12<回车>,则输出结果为　【7】　。

8. 有以下程序(说明:字符 0 的 ASCII 码值为 48):

```c
#include <stdio.h>
main()
{ char c1,c2;
    scanf("%d",&c1);
    c2=c1+9;
    printf("%c%c\n",c1,c2);
}
```

若程序运行时从键盘输入 48<回车>,则输出结果为　【8】　。

9. 有以下函数:

```c
void prt(char ch,int n)
{ int i;
    for(i=1;i<=n;i++)
    printf(i%6!=0?"%c":"%c\n",ch);
}
```

执行调用语句 prt('＊',24);后,函数共输出了 __【9】__ 行＊号。

10. 以下程序运行后的输出结果是 __【10】__ 。

```
#include <stdio.h>
main()
{  int x=10,y=20,t=0;
   if(x==y)t=x;x=y;y=t;
   printf("%d %d\n",x,y);
}
```

11. 已知 a 所指的数组中有 N 个元素。函数 fun 的功能是：将下标 k(k>0)开始的后续元素全部向前移动一个位置。请填空。

```
void fun(int a[N],int k)
{  int i;
   for(i=k;i __【1】__
}
```

12. 有以下程序,请在【12】处填写正确语句,使程序可正常编译运行。

```
#include <stdio.h>
__【12】__ ;
main()
{  double x,y,(＊p)();
   scanf("%lf%lf",&x,&y);
   p=avg;
   printf("%f\n",(＊p)(x,y));
}
     double avg(double a,double b)
{ return((a+b)/2);}
```

13. 以下程序运行后的输出结果是 __【13】__ 。

```
#include <stdio.h>
main()
{  int i,n[5]={0};
   for(i=1;i<=4;i++)
   {  n[i]==n[i-1]＊2+1; printf("%d",n[i]); }
   printf("\n");
}
```

14. 以下程序运行后的输出结果是 __【14】__ 。

```
#include <stdio.h>
#include <string.h>
#include <stdlib.h>
main()
{  char ＊p; int i;
   p=(char ＊)malloc(sizeof(char)＊20);
   strcpy(p,"welcome");
```

```
    for(i=6;i>=0;i--) putchar(*(p+i));
    printf("\n-"); free(p);
}
```

15. 以下程序运行后的输出结果是 __【15】__ 。

```
#include <stdio.h>
main()
{   FILE * fp; int x[6]={1,2,3,4,5,6},i;
    fp=fopen("test.dat","wb");
    fwrite(x,sizeof(int),3,fp);
    rewind(fp);
    fread(x,sizeof(int),3,fp);
    for(i=0;i<6;i++) printf("%d",x[i]);
    printf("\n");
    fclose(fp);
}
```

6.2　二级笔试真题 2010 年 9 月

一、选择题

下列各题 A、B、C、D 4 个选项中,只有一个选项是正确的。

1. 下列叙述中,正确的是(　　)。
   A. 线性表的链式存储结构与顺序存储结构所需要的存储空间是相同的
   B. 线性表的链式存储结构所需要的存储空间一般要多于顺序存储结构
   C. 线性表的链式存储结构所需要的存储空间一般要少于顺序存储结构
   D. 上述 3 种说法都不对

2. 下列叙述中,正确的是(　　)。
   A. 在栈中,栈中元素随栈底指针与栈顶指针的变化而动态变化
   B. 在栈中,栈顶指针不变,栈中元素随栈底指针的变化而动态变化
   C. 在栈中,栈底指针不变,栈中元素随栈顶指针的变化而动态变化
   D. 上述 3 种说法都不对

3. 软件测试的目的是(　　)。
   A. 评估软件可靠性　　　　　　　　B. 发现并改正程序中的错误
   C. 改正程序中的错误　　　　　　　D. 发现程序中的错误

4. 下面描述中,不属于软件危机表现的是(　　)。
   A. 软件过程不规范　　　　　　　　B. 软件开发生产率低
   C. 软件质量难以控制　　　　　　　D. 软件成本不断提高

5. 软件生命周期是指(　　)。
   A. 软件产品从提出、实现、使用维护到停止使用退役的过程
   B. 软件从需求分析、设计、实现到测试完成的过程

C. 软件的开发过程

D. 软件的运行维护过程

6. 面向对象方法中,继承是指( )。

    A. 一组对象所具有的相似性质

    B. 一个对象具有另一个对象的性质

    C. 各对象之间的共同性质

    D. 类之间共享属性和操作的机制

7. 层次型、网状型和关系型数据库划分原则是( )。

    A. 记录长度   B. 文件的大小

    C. 联系的复杂程度   D. 数据之间的联系方式

8. 一个工作人员可以使用多台计算机,而一台计算机可被多个人使用,则实体工作人员、与实体计算机之间的联系是( )。

    A. 一对一   B. 一对多   C. 多对多   D. 多对一

9. 数据库设计中反映用户对数据要求的模式是( )。

    A. 内模式   B. 概念模式   C. 外模式   D. 设计模式

10. 有 3 个关系 R、S 和 T,如下所示:

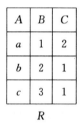 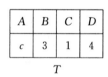

A	B	C
a	1	2
b	2	1
c	3	1

R

A	D
c	4

S

A	B	C	D
c	3	1	4

T

则由关系 R 和 S 得到关系 T 的操作是( )。

    A. 自然连接   B. 交   C. 投影   D. 并

11. 以下关于结构化程序设计的叙述中,正确的是( )。

    A. 一个结构化程序必须同时由顺序、分支、循环三种结构组成

    B. 结构化程序使用 goto 语句会很便捷

    C. 在 C 语言中,程序的模块化是利用函数实现的

    D. 由 3 种基本结构构成的程序只能解决小规模的问题

12. 以下关于简单程序设计的步骤和顺序的说法中,正确的是( )。

    A. 确定算法后,整理并写出文档,最后进行编码和上机调试

    B. 首先确定数据结构,然后确定算法,再编码,并上机调试,最后整理文档

    C. 先编码和上机调试,在编码过程中确定算法和数据结构,最后整理文档

    D. 先写好文档,再根据文档进行编码和上机调试,最后确定算法和数据结构

13. 以下叙述中,错误的是( )。

    A. C 程序在运行过程中所有计算都以二进制方式进行

    B. C 程序在运行过程中所有计算都以十进制方式进行

C. 所有 C 程序都需要编译链接无误后才能运行

D. C 程序中整型变量只能存放整数,实型变量只能存放浮点数

14. 有定义 int a;long b;double x,y;则以下选项中正确的表达式是(　　)。

    A. a%(int)(x−y)   B. a=x!=y;

    C. (a * y)%b   D. y=x+y=x

15. 以下选项中能表示合法常量的是(　　)。

    A. 整数:1,200   B. 实数:1.5E2.0

    C. 字符斜杠:'\'   D. 字符串:"\007"

16. 表达式 a+=a−=a=9 的值是(　　)。

    A. 9   B. −9   C. 18   D. 0

17. 若变量已正确定义,在 if (W)printf("%d\n,k");中,以下不可替代 W 的是(　　)。

    A. a<>b+c   B. ch=getchar()

    C. a==b+c   D. a++

18. 有以下程序:

```
#include<stdio.h>
main()
{ int a=1, b=0;
  if(!a) b++;
  else if(a==0) if(a) b+=2;
  else b+=3;
  printf("%d\n",b);
}
```

程序运行后的输出结果是(　　)。

    A. 0   B. 1   C. 2   D. 3

19. 若有定义语句 int a,b;double x;则下列选项中没有错误的是(　　)。

```
A. switch(x%2)
   {case 0: a++; break;
    case 1: b++; break;
    default: a++; b++;
   }
```

```
B. switch((int)x/2.0)
   {case 0: a++; break;
    case 1: b++; break;
    default: a++; b++;
   }
```

```
C. switch((int)x%2)
   {case 0: a++; break;
    case 1: b++; break;
    default: a++; b++;
   }
```

```
D. switch((int)(x)%2)
   {case 0.0: a++; break;
    case 1.0: b++; break;
    default: a++; b++;
   }
```

20. 有以下程序:

```
#include <stdio.h>
main()
{ int a=1,b=2;
  while(a<6){b+=a; a+=2; b%=10;}
  printf("%d,%d\n" , a, b);
}
```

程序运行后的输出结果是（　　　）。

  A. 5,11   B. 7,1   C. 7,11   D. 6,1

21. 有以下程序：

```c
#include<stdio.h>
main()
{ int y=10;
   while(y--);
   printf("Y=%d\n",Y);
}
```

程序执行后的输出结果是（　　　）。

  A. y－0   B. y＝ 1

  C. y=1   D. while 构成无限循环

22. 有以下程序：

```c
#include<stdio .h>
main()
{ char s[]="rstuv";
   printf("%c\n", * s+2);
}
```

程序运行后的输出结果是（　　　）。

  A. tuv   B. 字符 t 的 ASCII 码值

  C. t   D. 出错

23. 有以下程序：

```c
#include<stdio.h>
#include<string.h>
main()
{ char x[]="STRING";
   x[0]=0;x[1]='\0';x[2]='0';
   printf("%d? %d\n",sizeof(x),strlen(x));
}
```

程序运行后的输出结果是（　　　）。

  A. 6　1   B. 7　0   C. 6　3   D. 7　1

24. 有以下程序：

```c
#include<stdio.h>
int f(int x);
main()
{ int n=1,m;
   m=f(f(f(n)));printf("%d\n",m);
}
   int f(int x)
{return x * 2;}
```

程序运行后的输出结果是(　　)。

　　A. 1　　　　　　　　B. 2　　　　　　　　C. 4　　　　　　　　D. 8

25. 以下程序段完全正确的是(　　)。

　　A. int ＊p；scanf("％d",＆p)；

　　B. int ＊p；scanf("％d",p)；

　　C. int k,＊p＝＆k；scanf("％d",p)；

　　D. int k,＊p；＊p＝＆k；scanf("％d",p)；

26. 有定义语句 int ＊p[4]；,以下选项中与此语句等价的是(　　)。

　　A. int p[4]；　　　　B. int ＊＊p；　　　　C. int ＊(p[4])；　　D. int (＊p)[4]；

27. 下列定义数组的语句中,正确的是(　　)。

　　A. int N＝10；　　　　　　　　　　B. ♯define N 10

　　　　int x[N]；　　　　　　　　　　　　　int x[N]；

　　C. int x[0..10]；　　　　　　　　　D. int x[]；

28. 若要定义一个具有 5 个元素的整型数组,以下错误的定义语句是(　　)。

　　A. int a[5]＝{ 0 }；　　　　　　　B. int b[]＝{0,0,0,0,0}；

　　C. int c[2＋3]；　　　　　　　　　D. int i＝5,d[i]；

29. 有以下程序:

```
#include<stdio.h>
void f(int *p);
main()
{int a[5]={1,2,3,4,5},*r=a;
    f®;printf("%d\n";*r);
}
void f(int *p)
{p=p+3;printf("%d,",*p);}
```

程序运行后的输出结果是(　　)。

　　A. 1,4　　　　　　　　B. 4,4　　　　　　　　C. 3,1　　　　　　　　D. 4,1

30. 有以下程序(函数 fun 只对下标为偶数的元素进行操作):

```
#include<stdio.h>
void fun(int *a;int n)
{int i, j, k, t;
  for (i=0; i<n-1; i+=2=
  {k=i;
    for(j=i;j<n;j+=2) if(a[j]>a[k]) k=j;
    t=a[i];a[i]=a[k];a[k]=t;
  }
}
main()
{int aa[10]={1,2,3,4,5,6,7},i;
  fun(aa,7);
  for(i=0; i<7; i++) printf("%d,",aa[i]));
```

```
        printf("\n");
    }
```

程序运行后的输出结果是(   )。

  A. 7,2,5,4,3,6,1   B. 1,6,3,4,5,2,7

  C. 7,6,5,4,3,2,1   D. 1,7,3,5,6;2,1

31. 下列选项中,能够满足"若字符串 s1 等于字符串 s2,则执行 ST"要求的是(   )。

  A. if(strcmp(s2,s1)==0) ST;   B. if(s1==s2) ST;

  C. if(strcpy(s1,s2)==1) ST;   D. if(s1-s2==0) ST;

32. 以下不能将 s 所指字符串正确复制到 t 所指存储空间的是(   )。

  A. while(* t= * s) {t++; s++; }

  B. for(i=0; t[i]=s[i]; i++);

  C. do{ * t++= * s++;} while(* s);

  D. for(i=0, j=0; t[i++]=s[j++];);

33. 有以下程序(strcat 函数用以连接两个字符串):

```
#include<stdio.h>
#include<string.h>
main()
{ char a[20]="ABCD\OEFG\0",b[]="IJK";
    strcat(a,b);printf("%s\n",a);
}
```

程序运行后的输出结果是(   )。

  A. ABCDE\OFG\OIJK   B. ABCDIJK

  C. IJK   D. EFGIJK

34. 有以下程序,程序中库函数 islower(ch)用以判断 ch 中的字母是否为小写字母:

```
#include<stdio.h>
#include<ctype.h>
void fun(char * p)
{int? i=0;
  while (p[i])
  {if(p[i]==' '&& islower(p[i-1])) p[i-1]=p[i-1]-'a'+'A';
      i++;
  }
}
main()
{char s1[100]="ab cd EFG!";
  fun(s1); printf("%s\n",s1);
}
```

程序运行后的输出结果是(   )。

  A. ab cd EFG!   B. Ab Cd EFg!

  C. aB cD EFG!   D. ab cd EFg!

35. 有以下程序：

```
#include<stdio.h>
void fun(int x)
{if(x/2>1) fun(x/2);
  printf("%d",x);
}
main()
{fun(7);printf("\n");}
```

程序运行后的输出结果是(   )。

    A. 1 3 7   B. 7 3 1   C. 7 3   D. 3 7

36. 有以下程序：

```
#include<stdio.h>
int fun()
{static int x=1;
  x+=1;return x;
}
main()
{int i;s=1;
  for(i=1;i<=5;i++) s+=fun();
  printf("%d\n",s);
}
```

程序运行后的输出结果是(   )。

    A. 11   B. 21   C. 6   D. 120

37. 有以下程序：

```
#include<stdio.h>
#include<stdlib.h>
main()
{int *a,*b,*c;
  a=b=c=(int *)malloc(sizeof(int));
  *a=1;*b=2,*c=3;
  a=b;
  printf("%d,%d,%d\n",*a,*b,*c);
}
```

程序运行后的输出结果是(   )。

    A. 3,3,3   B. 2,2,3   C. 1,2,3   D. 1,1,3

38. 有以下程序：

```
#include<stdio.h>
main()
{int s,t,A=10;double B=6;
  s=sizeof(A);t=sizeof(B);
  printf("%d,%d\n",s,t);
}
```

在 VC6 平台上编译运行,程序运行后的输出结果是(   )。

  A. 2,4   B. 4,4   C. 4,8   D. 10,6

39. 若有以下语句:

```
Typedef struct S
{int g; char h;} T;
```

以下叙述中,正确的是(   )。

  A. 可用 S 定义结构体变量   B. 可用 T 定义结构体变量

  C. S 是 struct 类型的变量   D. T 是 struct S 类型的变量

40. 有以下程序:

```
#include<stdio.h>
main()
{short c=124;
  c=c_____;
  printf("%d\n", c);
}
```

若要使程序的运行结果为 248,应在下划线处填入的是(   )。

  A. >>2   B. |248   C. &0248   D. <<1

二、 填空题

请将每空的正确答案写在答题卡【1】~【15】序号的横线上,答在试卷上不得分。

1. 一个栈的初始状态为空。首先将元素 5、4、3、2、1 依次入栈,然后退栈一次,再将元素 A、B、C、D 依次入栈,之后将所有元素全部退栈,则所有元素退栈(包括中间退栈的元素)的顺序为 【1】 。

2. 在长度为 n 的线性表中,寻找最大项至少需要比较 【2】 次。

3. 一棵二叉树有 10 个度为 1 的节点,7 个度为 2 的节点,则该二叉树共有 【3】 个节点。

4. 仅由顺序、选择(分支)和重复(循环)结构构成的程序是 【4】 程序。

5. 数据库设计的 4 个阶段是:需求分析,概念设计,逻辑设计 【5】 。

6. 以下程序运行后的输出结果是 【6】 。

```
#include<stdio.h>
main()
{int a=200,b=010;
  printf("%d%d\n",a,b);
}
```

7. 有以下程序:

```
#include<stdio.h>
main()
{int x, y;
  scanf("%2d%ld",&x,&y); printf("%d\n",x+y);
}
```

程序运行时输入：1234567 程序的运行结果是 【7】 。

8. 在 C 语言中,当表达式值为 0 时表示逻辑值"假",当表达式值为 【8】 时表示逻辑值"真"。

9. 有以下程序:

```
#include<stdio.h>
main()
{int i,n[]={0,0,0,0,0};
  for (i=1;i<=4;i++)
  {n[i]=n[i-1]*3+1;  printf("%d", n[i]); }
}
```

程序运行后的输出结果是 【9】 。

10. 以下 fun 函数的功能是：找出具有 N 个元素的一维数组中的最小值,并作为函数值返回(设 N 已定义)。请填空。

```
int fun(nt x[N])
{ int i,k=0;
  for(i=0;i<N;i++)
  if(x[i]<x[k])
   【10】
  return x[k];
}
```

11. 有以下程序:

```
#include<stdio.h>
int * f(int * p,int * q);
main()
{ int m=1,n=2, * r=&m;
  r=f(r,&n);printf("%d\n", * r);
}
int * f(int * p,int * q)
{return(* p> * q) ? p: q;}
```

程序运行后的输出结果是 【11】 。

12. 以下 fun 函数的功能是在 N 行 M 列的整型二维数组中,选出一个最大值作为函数值返回(设 M、N 已定义)。请填空。

```
int fun(int a[N][M])
{int i,j,row=0,col=0;
  for(i=0;i<N;i++)
  for(j=0;j<M;j++)
  if(a[i][j]>a[row][col]) {row=i;col=j;}
  return( 【12】 );
}
```

13. 有以下程序:

```
#include<stdio.h>
```

```
main()
{ int n[2],i,j;
  for(i=0;i<2;i++) n[i]=0;
  for(i=0;i<2;i++)
  for(j=0;j<2;j++) n[j]=n[i]+1;
  printf("%d\n",n[1]);
}
```

程序运行后的输出结果是 __【13】__ 。

14. 以下程序的功能是：借助指针变量找出数组元素中最大值所在的位置，并输出该最大值。请在输出语句中填写代表最大值的输出项。

```
#include<stdio.h>
main()
{ int a[10], * p, * s;
  for(p=a;p-a<10;p++)scanf("%d",p);
  for(p=a,s=a;p-a<10;p++) if(* p> * s) s=p;
  printf("max=%d\n", 【14】 );
}
```

15. 以下程序打开新文件 f.txt，并调用字符输出函数将 a 数组中的字符写入其中，请填空。

```
#include<stdio.h>
main()
{ 【15】 * fp;
  char a[5]={'1','2','3','4','5'},i;
  fp=fopen("f .txt", "w");
  for(i=0;i<5;i++) fputc(a[i],fp);
  fclose(fp);
}
```

6.3 二级上机模拟题

模拟题一

1. 填空题

程序通过定义学生结构体变量，存储了学生的学号、姓名和 3 门课的成绩。所有学生数据均以二进制方式输出到文件中。函数 fun 的功能是重写形参 filename 所指文件中最后一个学生的数据，即用新的学生数据覆盖该学生原来的数据，其他学生的数据不变。

请在程序的下划线处填入正确的内容并把下划线删除，使程序得出正确的结果。

注意：源程序存放在考生文件夹下 BLANK1.C 中。不得增行或删行，也不得更改程序的结构！源程序如下：

```
#include<stdio.h>
#define N 5
typedef struct student {
```

```
    long sno;
    char name[10];
    float score[3];
} STU;
void fun(char * filename, STU n)
{FILE * fp;
/**********found**********/
  fp = fopen(__1__, "rb+");
  /**********found**********/
  fseek(__2__, -(long)sizeof(STU), SEEK_END);
  /**********found**********/
  fwrite(&n, sizeof(STU), 1, __3__);
  fclose(fp);
}
main()
{STU t[N]={ {10001,"MaChao", 91, 92, 77}, {10002, "CaoKai", 75, 60, 88},
           {10003,"LiSi", 85, 70, 78}, {10004, "FangFang", 90, 82, 87},
           {10005,"ZhangSan", 95, 80, 88}};
  STU n={10006,"ZhaoSi", 55, 70, 68}, ss[N];
  int i,j; FILE * fp;
  fp = fopen("student.dat", "wb");
  fwrite(t, sizeof(STU), N, fp);
  fclose(fp);
  fp = fopen("student.dat", "rb");
  fread(ss, sizeof(STU), N, fp);
  fclose(fp);
  printf("\nThe original data :\n\n");
  for (j=0; j<N;j++)
  {printf("\nNo: %ld Name: %-8s Scores: ",ss[j].sno, ss[j].name);
    for (i=0; i<3; i++) printf("%6.2f ", ss[j].score[i]);
    printf("\n");
  }
  fun("student.dat", n);
  printf("\nThe data after modifing :\n\n");
  fp = fopen("student.dat", "rb");
  fread(ss, sizeof(STU), N, fp);
  fclose(fp);
  for (j=0; j<N;j++)
  {printf("\nNo: %ld Name: %-8s Scores: ",ss[j].sno, ss[j].name);
    for (i=0; i<3; i++) printf("%6.2f ", ss[j].score[i]);
    printf("\n");
  }
}
```

2. 改错题

给定程序 MODI1.C 中的函数 Creatlink 的功能是创建带头节点的单向链表,并为各节点数据域赋 0~m-1 的值。

请改正函数 Creatlink 中指定部位的错误,使它能得出正确的结果。

注意：不要改动 main 函数，不得增行或删行，也不得更改程序的结构！源程序如下：

```
#include<stdio.h>
#include<stdlib.h>
typedef struct aa
{int data;
  struct aa * next;
} NODE;
NODE * Creatlink(int n, int m)
{NODE * h=NULL, * p, * s;
  int i;
  /**********found**********/
  p=(NODE)malloc(sizeof(NODE));
  h=p;
  p->next=NULL;
  for(i=1; i<=n; i++)
{s=(NODE *)malloc(sizeof(NODE));
  s->data=rand()%m; s->next=p->next;
  p->next=s; p=p->next;
}
  /**********found**********/
  return p;
}
outlink(NODE * h)
{NODE * p;
  p=h->next;
  printf("\n\nTHE LIST :\n\n HEAD ");
  while(p)
  {printf("->%d ",p->data);
    p=p->next;
  }
  printf("\n");
}
main()
{NODE * head;
  head=Creatlink(8,22);
  outlink(head);
}
```

3. 程序题

请编写函数 fun，函数的功能是统计一行字符串中单词的个数，作为函数值返回。一行字符串在主函数中输入，规定所有单词由小写字母组成，单词之间由若干个空格隔开，一行的开始没有空格。

注意：部分源程序在文件 PROG1.C 中。

请勿改动主函数 main 和其他函数中的任何内容，仅在函数 fun 的花括号中填入编写的若干语句。源程序如下：

```
#include<stdio.h>
#include<string.h>
#define N 80
int fun(char * s)
{
}
main()
{char line[N]; int num=0;void NONO ();
  printf("Enter a string :\n"); gets(line);
  num=fun(line);
  printf("The number of word is : %d\n\n",num);
  NONO ();
}
void NONO ()
{/ * 在此函数内打开文件,输入测试数据,调用 fun 函数,输出数据,关闭文件 * /
FILE * rf, * wf; int i, num; char line[N], * p;
rf =fopen("in.dat","r");
wf =fopen("out.dat","w");
for(i =0; i <10; i++) {
  fgets(line, N, rf);
  p=strchr(line, '\n');
  if(p !=NULL) * p =0;
  num =fun(line);
  fprintf(wf, "%d\n", num);
}
fclose(rf); fclose(wf);
}
```

模拟题二

1. 填空题

给定程序的功能是：从键盘输入若干行文本（每行不超过 80 个字符），写到文件 myfile4. txt 中,用－1 作为字符串输入结束的标志。然后将文件的内容读出显示在屏幕上。文件的读写分别由自定义函数 ReadText 和 WriteText 实现。

请在程序的下划线处填入正确的内容并把下划线删除,使程序得出正确的结果。

注意：源程序存放在考生文件夹下 BLANK1. C 中。不得增行或删行,也不得更改程序的结构！源程序如下：

```
#include<stdio.h>
#include<string.h>
#include<stdlib.h>
void WriteText(FILE * );
void ReadText(FILE * );
main()
{FILE * fp;
  if((fp=fopen("myfile4.txt","w"))==NULL)
  {printf(" open fail!!\n"); exit(0);}
    WriteText(fp);
```

```
     fclose(fp);
      if((fp=fopen("myfile4.txt","r"))==NULL)
     {printf(" open fail!!\n"); exit(0);}
      ReadText(fp);
      fclose(fp);
     }
/**********found**********/
void WriteText(FILE   1   )
{char str[81];
   printf("\nEnter string with -1 to end :\n");
   gets(str);
   while(strcmp(str,"-1")!=0) {
/**********found**********/
   fputs(   2   ,fw); fputs("\n",fw);
   gets(str);
}
}
void ReadText(FILE * fr)
{ char str[81];
  printf("\nRead file and output to screen :\n");
  fgets(str,81,fr);
  while(!feof(fr)) {
/**********found**********/
  printf("%s",   3   );
  fgets(str,81,fr);
  }
}
```

2. 改错题

给定程序 MODI1. C 中函数 fun 的功能是从低位开始取出长整型变量 s 中奇数位上的数,依次构成一个新数放在 t 中。高位仍在高位,低位仍在低位。

例如,当 s 中的数为 7654321 时,t 中的数为 7531。

请改正程序中的错误,使它能得出正确的结果。

注意:不要改动 main 函数,不得增行或删行,也不得更改程序的结构! 源程序如下:

```
#include<stdio.h>
/***********found***********/
void fun (long s, long t)
{long sl=10;
* t = s %10;
while (s>0)
{s = s/100;
* t = s%10 * sl + * t;
/***********found***********/
sl = sl * 100;
}
}
main()
```

```
{long s, t;
printf("\nPlease enter s:"); scanf("%ld", &s);
fun(s, &t);
printf("The result is: %ld\n", t);
}
```

3. 程序题

函数 fun 的功能是将两个两位数的正整数 a、b 合并形成一个整数放在 c 中。合并的方式是：将 a 数的十位和个位数依次放在 c 数的个位和百位上，b 数的十位和个位数依次放在 c 数的千位和十位上。

例如，当 a=45，b=12 时，调用该函数后，c=1524。

注意：部分源程序存放在文件 PROG1.C 中。数据文件 IN.DAT 中的数据不得修改。

请勿改动主函数 main 和其他函数中的任何内容，仅在函数 fun 的花括号中填入编写的若干语句。源程序如下：

```
#include<stdio.h>
void fun(int a, int b, long * c)
{
}
main()
{ int a,b; long c;
  void NONO ();
  printf("Input a, b:");
  scanf("%d,%d", &a, &b);
  fun(a, b, &c);
  printf("The result is: %ld\n", c);
  NONO ();
}
void NONO ()
{/* 本函数用于打开文件,输入数据,调用函数,输出数据,关闭文件 */
  FILE * rf, * wf;
  int i, a,b; long c;
  rf =fopen("in.dat", "r");
  wf =fopen("out.dat","w");
  for(i =0; i <10; i++) {
    fscanf(rf, "%d,%d", &a, &b);
    fun(a, b, &c);
  fprintf(wf, "a=%d,b=%d,c=%ld\n", a, b, c);
  }
  fclose(rf);
  fclose(wf);
}
```

第7章

C 语言编程常见错误

📺 **本章知识和技能目标**

- 注意 C 语言程序中常见的书写错误。
- 掌握编译中常见错误信息的含义及处理方法。

7.1 书写程序常见错误

(1) 书写标识符时，大小写字母是有区别的。

```
void main()
{
  float a=5.3;
  printf("%f",A);
}
```

编译程序把 a 和 A 认为是两个不同的变量名，而显示出错信息。C 认为大写字母和小写字母是两个不同的字符。习惯上，符号常量名用大写，变量名用小写表示，以增加程序的可读性。

(2) 运算时变量类型不符合要求。

```
void main()
{
  float a,b;
  printf("%d",a%b);
}
```

%是求余数运算，整型变量可以进行"求余"运算，实型变量则不允许。

(3) 混淆字符常量与字符串常量。

```
char c;
c="M";
```

字符常量与字符串常量是不同的，字符常量是由一对单引号括起来的单个字符，字符串常量是一对双引号括起来的字符序列。C规定以"\0"作字符串结束标志，它是由系统自动加上的,所以字符串"a"实际上包含两个字符,即'a'和'\0',而把它赋给一个字符变量是错误的。

（4）忽略了"＝"与"＝＝"的区别。

在 C 语言中,"＝"是赋值运算符,"＝＝"是关系运算符。如：

```
if (a==10) b=100;
```

前者是进行比较,a 是否和 3 相等,返回逻辑真或是逻辑假;后者表示如果 a 和 10 相等,把 100 赋给变量 b。

（5）语句末尾忘记加分号。

分号是 C 语句中不可缺少的一部分,语句末尾必须有分号;否则出现语法错误。

（6）多加分号。

复合语句的花括号后不应再加分号;否则将会出现语法错误。有固定格式的语句,不需要加分号。如 if(a＝＝10)后面不需要加分号,需要跟执行的语句。

（7）使用 scanf 函数输入变量值时,忘记加地址运算符"&"。

```
int a,b;
scanf("%d%d",a,b);
```

这是不合法的。scanf 函数的作用是：按照 a、b 在内存的地址将 a、b 的值存入。

（8）使用 scanf 函数输入数据的方式与要求不符。

```
scanf("%d%d",&a,&b);
```

输入时,不能用逗号作两个数据间的分隔符,用一个或多个空格间隔,也可用 Enter键、Tab 键。如果在"格式控制"字符串中除了格式说明以外还有其他字符,则在输入数据时应输入与这些字符相同的字符。

（9）输入字符的格式与要求不一致。

在用"％c"格式输入字符时,"空格字符"和"转义字符"都作为有效字符输入。

（10）输入输出的数据类型与所用格式说明符不一致。

编译时不给出出错信息,但运行结果将不准确。

（11）输入数据时,不能规定精度。

（12）switch 语句中漏写 break 语句。

由于漏写了 break 语句,满足条件后不跳出 switch 语句,继续执行。

（13）忽视了 while 和 do-while 语句在细节上的区别。

while 循环是先判断后执行,而 do-while 循环是先执行后判断。在不满足条件时执行的次数不相同。

（14）定义数组时误用变量。

数组名后用方括号括起来的是常量表达式,不允许对数组的大小作动态定义。

（15）数组引用下标越界。

（16）在定义数组时,将定义的"元素个数"误认为是可使用的最大下标值。

C 语言中数组下标从 0 开始,下标只能引用到数组元素个数减 1。

（17）在不应加地址运算符 & 的位置加了地址运算符。

```
scanf("%s",&str);
```

数组名代表该数组的起始地址，且 scanf 函数中的输入项是字符数组名，不必要再加地址符 &。

（18）if 与 else 的匹配是否正确。

（19）注意"/"与"\"的区别。

（20）各种数据类型都有表示数据范围，注意是否溢出。

7.2　VC 环境中常见编译错误信息

（1）在语句末尾没有书写";"。

错误信息：syntax error：missing ';'。

（2）变量未定义就直接使用。

错误信息：error C2065：'i'：undeclared identifier。

（3）在程序中使用中文标识符。

错误信息：error C2018：unknown character '0xa3'，除程序注释和 printf 语句中原样输出，其余字符要求使用英文。

（4）定义的变量类型与使用匹配。

错误信息：warning C4305：'initializing'：truncation from 'const double' to 'float'，声明为 float，但实际赋了一个 double 的值。

（5）在函数定义括号后面使用分号。

错误信息：error C2449：found '{' at file scope (missing function header?)。

（6）函数声明、定义、调用三者参数个数不匹配。

例：

```
void chang(int a,int b, float c)
{
    ⋮
}
void main()
{
    ⋮
chang(3,4);
}
```

错误信息：error C2660：'chang'：function does not take 2 parameters。

（7）程序中"{"和"}"不匹配。

错误信息：fatal error C1004：unexpected end of file found。

（8）函数没有返回值。

错误信息：warning C4716：'aa'：must return a value。

（9）程序缺少头文件。

错误信息：warning C4013：'printf' undefined；assuming extern returning int。

（10）case 语句后面缺少"："。

错误信息：error C2146：syntax error：missing ';' before identifier 'exit'.

7.3 TC 环境中常见编译错误信息

（1）数组的界限符"]"丢失。

错误信息：Array bounds missing]。

（2）调用未定义函数。

错误信息：Call of non-functin,通常是由于不正确的函数声明或函数名拼错造成。

（3）case 出现在 switch 外。

错误信息：case outside of switch,编译程序发现 case 语句出现在 switch 语句外,这类故障通常是由于括号不匹配造成的。

（4）case 语句漏掉。

错误信息：case statement missing,case 语句必须包含一个以冒号结束的常量表达式,如果漏了冒号或在冒号前多了其他符号,则会出现此类错误。

（5）漏掉复合语句。

错误信息：Compound statement missing,编译程序扫描到源文件末尾时,未发现结束符号（大括号）,此类故障通常是由于大括号不匹配所致。

（6）需要常量表达式。

错误信息：Constant expression required,数组的大小必须是常量,通常是由于 #define 常量的拼写错误或是数组定义不正确引起的。

（7）说明出现语法错误。

错误信息：Declaration syntax error,若某个说明语句丢失了某些符号或输入多余的符号,则会出现此类错误。

（8）除数为零。

错误信息：Division by zero,常量表达式出现除数为零的情况,则会造成此类错误。

（9）do 语句中必须有 While 关键字。

错误信息：Do statement must have while,程序中包含了一个无 while 关键字的 do 语句,则出现本错误。

（10）do while 语句中掉了分号。

错误信息：Do while statement missing"；",在 do 语句的条件表达式中,右括号后面无分号则出现此类错误。

（11）case 情况不唯一。

错误信息：Duplicate Case,switch 语句的每个 case 必须有一个唯一的常量表达式值,否则会导致此类错误发生。

（12）表达式语法错误。

错误信息：Expression syntax error，通常是由于出现两个连续的操作符，括号不匹配或缺少括号、前一语句漏掉了分号引起的。

（13）调用时出现多余参数。

错误信息：Extra parameter in call，由于调用函数时，其实际参数个数多于函数定义中的参数个数所致。

（14）for 语名缺少"）"。

错误信息：For statement missing），在 for 语句中，如果控制表达式后缺少右括号，则会出现此类错误。

（15）函数定义位置错误。

错误信息：Function definition out ofplace。

（16）初始化语法错误。

错误信息：Initialize syntax error，初始化语法过程中缺少了或多出了运算符，括号不匹配或其他不正常的情况。

（17）定义中参数个数不匹配。

错误信息：Mismatch number of parameters in definition，函数定义中的参数和函数原型中提供的信息不匹配。

（18）else 位置出错。

错误信息：Misplaced else，编译程序发现了 else 语句缺少与之配对的 if 语句，就产生这类错误。还可能是由于多余的分号造成的，或者是漏写了大括号或是前面的 if 语句出现了错误造成的。

（19）操作符左边须是一指针。

错误信息：Pointer required on left side of，"->"的左边必须是一个指针变量。

（20）变量重定义。

错误信息：Redeclaration of'x'，这个标识符已经定义过，不可以在同一函数内部对标识符重复定义。

（21）语句缺少分号。

错误信息：Statement missing;，编译程序发现一个语句的后面没有";"。

（22）十进制小数点太多。

错误信息：Too many decimal points，一个浮点数带有不止一个十进制的小数点。

（23）未终结的串。

错误信息：Unterminated string，编译程序发现了一个不配对的引号。

（24）赋值请求。

错误信息：Value required，该赋值的变量没有被赋值。

（25）定义了变量但是没有使用。

在源程序文件中定义了某个变量，但是没有使用。

（26）"XX"被赋予一个不使用的值。

这个变量出现在一个赋值语句中，但是未曾使用。

（27）"XX"不是结构体的部分。

出现在"."或箭头"→"左边的域名不是结构体变量，或者"."的左边不是结构体变量，箭头"→"的左边不是指向结构的指针。

（28）函数应该返回一个值。

源文件说明的当前函数的返回类型不是 int 也不是 void，但是编译程序未返回值。

（29）参数"XX"从未使用。

函数说明中的该参数在函数体中从未使用过。

（30）结构体"XX"无定义。

源文件使用了该结构体，但是它却没有定义，这可能是由于结构体变量的拼写错误或忘记定义引起的。

附录 A 实验报告参考样本

学号		姓名		班级	
时间		指导教师		成绩	
实验项目名称					

实验目的：

实验内容及步骤：

程序清单及运行结果：

实验总结（出现问题及解决方法）：

教师评语：

附录 B 实训报告参考样本

学号		姓名		班级	
时间		分组		指导教师	
实训项目名称					

实训目的及要求(问题提出、功能、任务分工)：

项目总体设计(需求分析、概要设计、流程图)：

程序清单：

运行结果及分析：

实训总结：

教师评语及成绩：

附录 C C 语言库函数

一、数学函数（在源文件中包含 math.h）

函 数 原 型	功 能 说 明
int abs (int x);	绝对值
double acos (double x);	反余弦三角函数
double asin (double x);	反正弦三角函数
double atan (double x);	反正切三角函数
double ceif (double x);	上舍入，求不小于 x 的最小整数
double cos (double x);	余弦函数
double cosh (double x);	双曲余弦函数
double exp (double x);	指数函数
double fabs (double x);	双精度数绝对值
double floor (double x);	下舍入，求不大于 x 的最大整数
double fmod (double x, double y);	取模运算，求 x/y 的余数
double hypot (double x, double y);	计算直角三角形的斜边长
double log (double x);	自然对数函数
double log10 (double x);	以 10 为底的对数函数（常用对数）
double modf (double x, double * ipart);	把双精度数分成整数和小数
double pow (double x, double y);	指数函数，x 的 y 次幂
double pow10(int p);	指数函数，10 的 p 次幂
double sin (double x);	正弦函数
double sinh (double x);	双曲正弦函数
double sqrt (double x);	平方根函数
dorble tan (double x);	正切函数
double tanh (double x);	双曲正切函数

二、字符函数（在源文件中包含 ctype.h）

函 数 原 型	功 能 说 明
int isalpha(int ch)	若 ch 是字母('A'～'Z','a'～'z')返回非 0 值,否则返回 0
int isalnum(int ch)	若 ch 是字母('A'～'Z','a'～'z')或数字('0'～'9')返回非 0 值,否则返回 0
int isascii(int ch)	若 ch 是字符(ASCII 码中的 0～127)返回非 0 值,否则返回 0
int isdigit(int ch)	若 ch 是数字('0'～'9')返回非 0 值,否则返回 0
int islower(int ch)	若 ch 是小写字母('a'～'z')返回非 0 值,否则返回 0
int ispunct(int ch)	若 ch 是标点字符(0x00～0x1F)返回非 0 值,否则返回 0
int isspace(int ch)	若 ch 是空格(' '),水平制表符('\t'),回车符('\r'),走纸换行('\f'),垂直制表符('\v'),换行符('\n')返回非 0 值,否则返回 0
int isupper(int ch)	若 ch 是大写字母('A'～'Z')返回非 0 值,否则返回 0
int isxdigit(int ch)	若 ch 是十六进制数('0'～'9','A'～'F','a'～'f')返回非 0 值,否则返回 0
int tolower(int ch)	若 ch 是大写字母('A'～'Z') ,返回相应的小写字母('a'～'z')
int toupper(int ch)	若 ch 是小写字母('a'～'z'),返回相应的大写字母('A'～'Z')

三、字符串函数（在源文件中包含 string.h）

函 数 原 型	功 能 说 明
char stpcpy(char * dest,const char * src)	将字符串 src 复制到 dest
char strcat(char * dest,const char * src)	将字符串 src 添加到 dest 末尾
char strchr(const char * s,int c)	检索并返回字符 c 在字符串 s 中第一次出现的位置
int strcmp(const char * s1,const char * s2)	比较字符串 s1 与 s2 的大小,并返回 s1－s2
char strcpy(char * dest,const char * src)	将字符串 src 复制到 dest
size_t strcspn(const char * s1,const char * s2)	扫描 s1,返回在 s1 中有,在 s2 中也有的字符个数
int stricmp(const char * s1,const char * s2)	比较字符串 s1 和 s2,并返回 s1－s2
int strlen(const char * s)	返回字符串 s 的长度
char strlwr(char * s)	将字符串 s 中的大写字母全部转换成小写字母,并返回转换后的字符串
char strncat(char * dest,const char * src,size_t maxlen)	将字符串 src 中最多 maxlen 个字符复制到字符串 dest 中
int strncmp(const char * s1,const char * s2,size_t maxlen)	比较字符串 s1 与 s2 中的前 maxlen 个字符
char strncpy(char * dest,const char * src,size_t maxlen)	复制 src 中的前 maxlen 个字符到 dest 中
int strnicmp(const char * s1,const char * s2,size_t maxlen)	比较字符串 s1 与 s2 中的前 maxlen 个字符

续表

函 数 原 型	功 能 说 明
char strrev(char * s)	将字符串 s 中的字符全部颠倒顺序重新排列,并返回排列后的字符串
char strupr(char * s)	将字符串 s 中的小写字母全部转换成大写字母,并返回转换后的字符串

四、 输入/输出函数 (在源文件中包含 stdio.h 和 conio.h)

函 数 原 型	功 能 说 明
int fgetchar()	从控制台(键盘)读一个字符,显示在屏幕上
int getch()	从控制台(键盘)读一个字符,不显示在屏幕上
int putch()	向控制台(键盘)写一个字符
int getchar()	从控制台(键盘)读一个字符,显示在屏幕上
int putchar()	向控制台(键盘)写一个字符
int getchar()	从控制台(键盘)读一个字符,显示在屏幕上
char * cgets(char * string)	从控制台(键盘)读入字符串存于 string 中
int puts(char * string)	发送一个字符串 string 给控制台(显示器)
int printf(char * format[,argument,...])	发送格式化字符串输出给控制台(显示器)
int rename(char * oldname,char * newname)	将文件 oldname 的名称改为 newname
int _open(char * pathname,int access)	为读或写打开一个文件,按后按 access 来确定是读文件还是写文件
int open(char * pathname,int access[,int permiss])	为读或写打开一个文件,按后按 access 来确定是读文件还是写文件
int creat(char * filename,int permiss)	建立一个新文件 filename,并设定读写性
int _creat(char * filename,int attrib)	建立一个新文件 filename,并设定文件属性
int creatnew(char * filenamt,int attrib)	建立一个新文件 filename,并设定文件属性
int creattemp(char * filenamt,int attrib)	建立一个新文件 filename,并设定文件属性
int read(int handle,void * buf,int nbyte)	从文件号为 handle 的文件中读 nbyte 个字符存入 buf 中
int write(int handle,void * buf,int nbyte)	将 buf 中的 nbyte 个字符写入文件号为 handle 的文件中
int eof(int * handle)	检查文件是否结束,结束返回 1,否则返回 0
long filelength(int handle)	返回文件长度,handle 为文件号
FILE * fopen(char * filename,char * type)	打开一个文件 filename,打开方式为 type,并返回这个文件指针
int getc(FILE * stream)	从流 stream 中读一个字符,并返回这个字符
int putc(int ch,FILE * stream)	向流 stream 写入一个字符 ch
int getw(FILE * stream)	从流 stream 读入一个整数,错误返回 EOF

续表

函 数 原 型	功 能 说 明
int putw(int w,FILE * stream)	向流 stream 写入一个整数
int fputc(int ch,FILE * stream)	将字符 ch 写入流 stream 中
char * fgets(char * string,int n,FILE * stream)	从流 stream 中读 n 个字符存入 string 中
int fputs(char * string,FILE * stream)	将字符串 string 写入流 stream 中
int fseek(FILE * stream,long offset,int fromwhere)	函数把文件指针移到 fromwhere 所指位置的向后 offset 个字节处
long ftell(FILE * stream)	函数返回定位在 stream 中的当前文件指针位置,以字节表示
int rewind(FILE * stream)	将当前文件指针 stream 移到文件开头
int feof(FILE * stream)	检测流 stream 上的文件指针是否在结束位置
int fileno(FILE * stream)	取流 stream 上的文件处理,并返回文件处理
int ferror(FILE * stream)	检测流 stream 上是否有读写错误,如有错误就返回 1
void clearerr(FILE * stream)	清除流 stream 上的读写错误
void setbuf(FILE * stream,char * buf)	给流 stream 指定一个缓冲区 buf
int fclose(FILE * stream)	关闭一个流,可以是文件或设备(如 LPT1)
int access(char * filename,int amode)	本函数检查文件 filename 并返回文件的属性,函数将属性存于 amode 中,如果 filename 是一个目录,函数将只确定目录是否存在;函数执行成功返回 0,否则返回−1

五、 时间日期函数 (在源文件中包含 time.h)

函 数 原 型	功 能 说 明
char * ctime(long * clock)	本函数把 clock 所指的时间(如由函数 time 返回的时间)转换成下列格式的字符串:Mon Nov 21 11:31:54 1983\n\0
char * asctime(struct tm * tm)	本函数把指定的 tm 结构类的时间转换成下列格式的字符串:Mon Nov 21 11:31:54 1983\n\0
double difftime(time_t time2,time_t time1)	计算结构 time2 和 time1 之间的时间差距(以秒为单位)
struct tm * gmtime(long * clock)	本函数把 clock 所指的时间(如由函数 time 返回的时间)转换成格林尼治时间,并以 tm 结构形式返回
struct tm * localtime(long * clock)	本函数把 clock 所指的时间(如函数 time 返回的时间)转换成当地标准时间,并以 tm 结构形式返回
long dostounix(struct date * dateptr,struct time * timeptr)	本函数将 dateptr 所指的日期,timeptr 所指的时间转换成 UNIX 格式,并返回自格林尼治时间 1970 年 1 月 1 日凌晨起到现在的秒数

函 数 原 型	功 能 说 明
void unixtodos(long utime,struct date * dateptr,struct time * timeptr)	本函数将自格林尼治时间 1970 年 1 月 1 日凌晨起到现在的秒数 utime 转换成 DOS 格式并保存于用户所指的结构 dateptr 和 timeptr 中
void getdate(struct date * dateblk)	本函数将计算机内的日期写入结构 dateblk 中以供用户使用
void setdate(struct date * dateblk)	本函数将计算机内的日期改成由结构 dateblk 所指定的日期
void gettime(struct time * timep)	本函数将计算机内的时间写入结构 timep 中,以供用户使用
void settime(struct time * timep)	本函数将计算机内的时间改为由结构 timep 所指的时间
long time(long * tloc)	本函数给出自格林尼治时间 1970 年 1 月 1 日凌晨至现在所经过的秒数,并将该值存于 tloc 所指的单元中
in stime(long * tp)	本函数将 tp 所指的时间(如由 time 所返回的时间)写入计算机中

六、 动态存储分配函数 (在源文件中包含 malloc.h)

函 数 原 型	功 能 说 明
void * calloc(unsigned nelem,unsigned elsize)	分配 nelem 个长度为 elsize 的内存空间并返回所分配内存的指针
void * malloc(unsigned size)	分配 size 个字节的内存空间,并返回所分配内存的指针
void free(void * ptr)	释放先前所分配的内存,所要释放的内存的指针为 ptr
void * realloc(void * ptr,unsigned newsize)	改变已分配内存的大小,ptr 为已分配有内存区域的指针,newsize 为新的长度,返回分配好的内存指针

参 考 文 献

[1] 杨盛泉,丁琦,乔奎贤. 程序设计基础(C语言版)实验指导与习题[M]. 北京：清华大学出版社,2010.

[2] 丁一凡. C语言实验与实训学习指导[M]. 北京：中国水利水电出版社,2010.

[3] 郭有强. C语言程序设计实验指导与课程设计[M]. 北京：清华大学出版社,2010.

[4] 陈广红. C语言程序设计[M]. 武汉：武汉大学出版社,2008.

[5] 王伟. C语言程序设计[M]. 北京：中国水利水电出版社,2008.

[6] 刘瑞新. Visual C++面向对象程序设计教程[M]. 北京：机械工业出版社,2004.

[7] 张洪礼. C语言实验与习题[M]. 北京：中国农业出版社,2000.